TRAITÉ COMPLET

DE

DESSIN LINÉAIRE.

TRAITÉ COMPLET

DE

DESSIN LINÉAIRE,

A L'USAGE

DES JEUNES GENS QUI SE DESTINENT AUX ÉCOLES SPÉCIALES ET AUX PROFESSIONS INDUSTRIELLES;

PAR

J. LIPOWSKI,

Professeur de géométrie descriptive et de dessin linéaire à l'école industrielle municipale, et professeur de dessin linéaire au collége royal de Strasbourg.

Deuxième partie :

DESSIN GÉOMÉTRIQUE.

STRASBOURG,

CHEZ VEUVE LEVRAULT, LIBRAIRE, RUE DES JUIFS, 33.

PARIS,

A SON DÉPOT GÉNÉRAL : CHEZ P. BERTRAND, LIBRAIRE,

Rue Saint-André-des-Arcs, 65.

1847.

AVIS.

Les problèmes et les exercices que nous donnons à la suite des définitions ont pour but d'exercer les élèves à tracer avec exactitude et sûreté les différentes figures, et en même temps de leur rendre familiers les divers termes employés dans la géométrie.

Toutes ces figures seront dessinées avec de la craie sur le tableau noir, d'abord à main libre, puis ensuite à l'aide du compas et de la règle. — Ce n'est qu'après ces exercices préliminaires que l'on pourra dessiner sur le papier.

DESSIN GÉOMÉTRIQUE.

Le dessin géométrique consistant dans la description exacte des figures dont s'occupe la géométrie théorique, je poserai d'abord les définitions qui font la base de cette science, afin d'éviter au lecteur la peine de recourir aux traités spéciaux, traités dans lesquels il trouverait peut-être des idées trop abstraites et qu'il saisirait difficilement, son esprit n'étant pas encore habitué à ce genre d'étude.

Définitions.

1. On appelle *solide* ou *corps géométrique* une portion quelconque de l'espace indéfini qui nous environne de toutes parts. Le corps est donc étendu en trois sens; savoir : en *longueur,* en *largeur* et en *hauteur.* Ces trois éléments constituent ce que l'on nomme les *trois dimensions de l'espace.*

2. La limite qui sépare le corps de l'espace indéfini qui l'environne se nomme *surface.* La surface est donc étendue suivant deux dimensions seulement, la *longueur* et la *largeur;* elle n'a pas d'*épaisseur.*

3. On peut concevoir une surface indéfiniment étendue, et si l'on considère une certaine portion de cette surface, la limite qui séparera cette portion de la surface indéfinie qui l'environne, s'appellera *ligne mathématique.* La ligne mathématique est donc étendue suivant une seule dimension, la *longueur;* elle n'a plus ni *largeur,* ni *épaisseur* (fig. 1); lisez *ligne* A B.

4. On peut concevoir une ligne indéfiniment étendue; et si l'on considère une certaine portion de cette ligne, les limites qui sépareront cette portion du reste de la ligne indéfinie s'appelleront *points;* ainsi on appelle points les extrémités d'une ligne. On peut aussi définir le point : la rencontre ou l'intersection de deux lignes (fig. 2); point O, se nomme point d'intersection.

Le *point mathématique* n'a aucune dimension; il faut donc avoir soin de le marquer très-légèrement sur le papier, par deux petits traits qui se coupent; par exemple (fig. 3); lisez *point* A, *point* B, *point* C, etc.

La ligne mathématique n'ayant qu'une seule dimension, on la représentera sur le papier par un trait bien fin, par exemple (fig. 4), ligne AB illimitée dans les deux sens; (fig. 5), ligne CD illimitée du côté D, limitée du côté C; (fig. 6), ligne EF, limitée dans les deux sens.

5. Si l'on conçoit un point mathématique se mouvant dans l'espace d'une manière quelconque, l'ensemble des positions que ce point occupera, déterminera une ligne; ainsi on peut concevoir des lignes affectant une infinité de formes. Si donc on considère deux points A et B, on pourra arriver du point A au point B en suivant une infinité de lignes; mais on conçoit que parmi toutes ces lignes il y en aura une et une seule qui sera plus courte que toutes les autres : cette ligne est la *ligne droite* (fig. 7, ligne droite AB).

Nous définirons donc la ligne droite le plus court chemin d'un point à un autre. Il est évident, d'après ce qui a été dit plus haut, que d'un point à un autre on ne peut mener qu'une seule ligne droite; dès que cette ligne a été menée, sa direction sera parfaitement déterminée; et si l'on suppose deux lignes droites ayant deux points communs, non-seulement elles se confondront entre les deux points, mais encore si l'on vient à les prolonger au delà.

6. La ligne composée de portions limitées de droites non situées dans la même direction, se nomme *ligne brisée* (fig. 8, ligne brisée ABCDEF).

7. La ligne qui n'est ni droite ni brisée se nomme *ligne courbe* (fig. 9, ligne courbe MNO).

8. On peut aussi concevoir des surfaces affectant une infinité de formes. Parmi toutes ces surfaces il en est une qui mérite d'être particulièrement remarquée : c'est la surface *plane* ou le *plan*. Le plan est une surface telle qu'en y prenant arbitrairement deux points C et D (fig. 10), et joignant ces deux points par une ligne droite, cette ligne droite, indéfiniment prolongée, se trouve toujours tout entière dans la surface. Il est indispensable de bien comprendre que les deux points sont pris d'une manière tout à fait arbitraire, car il existe des surfaces sur lesquelles des lignes droites peuvent s'appliquer dans certaines directions, sans pouvoir s'appliquer dans d'autres (fig. 11). Cette définition du plan mérite de fixer d'une manière toute spéciale notre attention; car c'est toujours sur des plans que s'exécutent les dessins géométriques.

Ainsi (fig. 10) toutes les lignes dans la direction de la ligne AB s'appliqueront sur la surface M N M′ N′, tandis que les lignes dans la direction de C D, par exemple, ne s'appliqueraient point (fig. 11).

Dans tout ce qui fera partie de ce chapitre, on ne s'occupera que des points et des lignes situés dans le même plan.

9. La *circonférence* est une ligne courbe dont tous les points sont également éloignés d'un point intérieur C, appelé centre (fig. 12). Le point C est le centre de la circonférence O M N P.

On appelle *rayon* une ligne droite menée du centre à la circonférence; les lignes CA, CB, CD, CE, etc. (fig. 12) sont des rayons tous égaux entre eux, et chacune de ces lignes mesure la distance du centre C à la circonférence.

Une portion de la circonférence, telle que M N O (fig. 13), se nomme *arc*. Pour désigner un arc il faut employer toujours trois lettres, en en plaçant deux aux extrémités et une au milieu; lisez l'arc M N O.

On appelle *corde* la ligne M O qui joint les deux extrémités de l'arc (fig. 13).

La plus grande corde qu'on puisse mener dans une circonférence est celle qui passe par le centre; elle s'appelle diamètre. Tous les diamètres A B, D E, H F, etc. (fig. 13), sont égaux et divisent la circonférence en deux parties égales. Chaque diamètre vaut deux rayons.

La portion de plan limitée par la circonférence se nomme *cercle* (fig. 14).

L'espace compris entre la corde A B et l'arc A M B se nomme *segment* (fig. 15).

L'espace renfermé entre deux rayons, C A, C B, et l'arc A N B, se nomme *secteur* (fig. 16).

10. On appelle *tangente* à un cercle une droite qui n'a qu'un seul point commun avec la circonférence du cercle. La droite A B est tangente à la circonférence M N O P du cercle C (fig. 17 et 17 *bis*).

Le point T, commun à la circonférence et à la droite, se nomme *point de contact* ou *point de tangence*. La tangente est toujours perpendiculaire à l'extrémité du rayon mené au point de contact.

On appelle *sécante* une ligne telle que A′ B′ (fig. 17 et 17 *bis*), qui coupe la circonférence en deux points, D et E. Une ligne droite ne peut couper la circonférence en plus de deux points.

11. Deux cercles ne peuvent se couper qu'en deux points, A et B; lorsqu'ils n'ont qu'un point commun, D, ils sont tangents (fig. 18 et 19).

Deux cercles tangents peuvent se toucher intérieurement ou extérieurement; les points D et F se nomment points de *contact* ou de *tangence* (fig. 19 et 20).

12. On appelle *angle* la quantité plus ou moins grande dont s'écartent deux

4

lignes qui se coupent, tel est l'espace B A C; les lignes A B et A C se nomment *côtés* de l'angle, et le point A se nomme *sommet* de l'angle B A C (fig. 21).

Quand un angle est seul dans une figure, on le désigne par une seule lettre, qu'on place au sommet; par exemple, lisez l'angle Q, l'angle R, l'angle S (fig. 22, 23 et 24).

Lorsque plusieurs angles sont groupés autour d'un sommet, O, on devra désigner chacun d'eux par trois lettres, pour éviter toute ambiguité. On a soin de lire la lettre placée au sommet, au milieu des deux autres lettres placées aux extrémités des côtés (fig. 25); lisez l'angle A O B, B O C, C O D, D O F, etc.

13. Deux angles B A C et B′ A′ C′ (fig. 26) sont égaux lorsque, ayant placé A′ en A, ayant fait prendre à A′ B′ la direction de A B, A′ C′ prendra la direction de A C. Si A′ C′ tombe dans l'intérieur de B A C, l'angle B′ A′ C′ sera plus petit que B A C; il sera plus grand dans le cas où A′ C′ tomberait hors de B A C.

Deux lignes droites peuvent se rencontrer de deux manières : elles peuvent former de part et d'autre des angles égaux (fig. 28), tels que A C D et D C B; ou bien des angles inégaux G H I et I H K (fig. 27). Dans le premier cas on dit que la ligne C D est *perpendiculaire* à la ligne A B, et que les angles sont *droits*. Dans le second cas H I est *oblique* par rapport à G K.

Tous les angles droits sont des figures superposables. Les figures 28 et 29 représentent des angles droits, A C D, D C B et A Q B, égaux entre eux.

La figure 27 représente deux angles, dont le premier I H K s'appelle *obtus*; il est plus grand qu'un angle droit; tandis que l'angle I H G se nomme *aigu*, et il est plus petit qu'un angle droit.

On appelle aussi les deux angles G H I et I H K *angles adjacents* ou bien *angles supplémentaires*[1]. Deux angles qui ont même supplément sont égaux.

14. Deux lignes sont *parallèles* entre elles, lorsqu'étant situées dans un même plan, elles ne peuvent se rencontrer, à quelque distance qu'on les prolonge (fig. 30).

15. Tout angle qui a son sommet au centre d'une circonférence s'appelle angle au centre, tel est l'angle A C B (fig. 31). Si l'angle D C E situé au centre est droit, il intercepte le quart de la circonférence. En général, l'angle au centre est mesuré par le nombre de degrés, minutes et secondes, contenus dans l'arc intercepté par ses côtés.

---

1. On appelle angles supplémentaires, deux angles dont la somme est égale à deux angles droits.

16. On dit qu'un angle est *inscrit* dans une circonférence, lorsque son sommet se trouve sur la circonférence. L'angle A B D (fig. 32) est inscrit dans la circonférence C.

Tout angle inscrit, tel que A B D, est la moitié de l'angle au centre A C D, qui intercepte le même arc A N D.

17. On dit qu'un angle est *inscrit dans un segment,* quand il a son sommet sur l'arc du segment et que ses côtés passent par les extrémités de cet arc (fig. 33); les angles M N O, M N' O, M N″ O, etc. sont des angles inscrits dans le segment M R O et sont tous égaux entre eux.

Les angles A B C, A B' C, A B″ C, inscrits dans le demi-cercle, sont droits, (fig. 36).

Les angles inscrits dans un segment plus grand que le demi-cercle sont aigus (fig. 34). Les angles S T U, S T' U, S T″ U, inscrits dans le segment S N U, sont aigus et égaux entre eux. Les angles inscrits dans un segment plus petit que le demi-cercle sont obtus (fig. 35). Les angles R S Q, R S' Q, R S″ Q, etc., inscrits dans le segment R N Q, sont obtus et égaux entre eux.

18. On appelle segment capable d'un angle donné, un segment tel que tous les angles inscrits dans ce segment sont égaux à un angle donné.

19. On nomme *lieu géométrique* d'un système de points, un ensemble de points qui tous satisfont à une loi commune. Ainsi la circonférence est le lieu des points également distants du centre.

L'arc du segment capable d'un angle donné est le lieu des sommets des angles égaux à cet angle et dont les côtés passent par les extrémités de l'arc du segment.

Maintenant que nous avons une idée précise des principaux éléments de la géométrie, savoir : le *point,* la *ligne droite,* le *cercle,* l'*angle,* les *perpendiculaires* et les *parallèles,* nous allons donner la description des instruments, au moyen desquels on peut obtenir les différentes figures. A cette description nous joindrons les détails nécessaires pour rendre facile l'usage du matériel, accompagnement nécessaire du dessin géométrique, et si les règles que nous donnons plus bas sont bien comprises et exactement suivies, l'exécution aura toute l'exactitude et la netteté convenables.

Matériel nécessaire au dessin géométrique. — Détails relatifs à l'usage des instruments.

Le matériel nécessaire pour le dessin au tableau consiste dans les objets suivants :

Un ou plusieurs tableaux noirs fixés au mur; les dimensions du tableau peuvent varier, cependant il est plus avantageux de lui donner 2 mètres de largeur sur 1,^{m}50 de hauteur;

De la craie;

Une éponge;

Une règle assez longue;

Une équerre;

Un compas en bois, dont une des branches devra être armée d'une pointe et l'autre d'un porte-crayon garni de craie.

L'exécution des dessins sur le tableau est d'autant plus exacte, que la craie est taillée plus fin; cependant la précision ne pourra jamais être parfaite; aussi considérons-nous ce genre de dessin comme un simple exercice, servant à préparer les élèves au dessin des épures sur le papier.

Les objets nécessaires à l'élève pour le dessin géométrique sur le papier, sont:

Une règle en bois;

Une équerre en bois;

Un tire-ligne;

Un compas à pointes de rechange (à trois fins);

Un morceau de gomme élastique;

Un bâton d'encre de Chine;

Un godet en porcelaine pour broyer l'encre de Chine;

Un crayon de mine de plomb de moyenne dureté;

Un double décimètre de *Cutsch*;

Un rapporteur;

Un canif; un T; une planchette.

Nota. Les élèves qui peuvent en faire la dépense, feront bien de se procurer une boîte de mathématiques complète, car de la précision des instruments dépend beaucoup la réussite et la beauté des dessins. En dessinant sur le papier, il ne faut pas oublier que l'exactitude et la netteté sont les principales conditions à remplir.

On exécutera préalablement les épures au crayon, en leur donnant de préférence une dimension plus grande que le modèle. Le tracé doit se faire légèrement, avec la plus grande précision; cela fait, on passera soigneusement à l'encre ce qui a été fait au crayon; puis on effacera le crayon avec la gomme élastique; on préparera l'encre de Chine en mettant quelques gouttes d'eau dans le godet de porcelaine et en frottant le bâton d'encre de Chine légèrement sur le fond du godet, jusqu'à ce que le liquide soit suffisamment noir, sans être épais; on introduira l'encre de Chine avec une plume entre les lèvres du tire-ligne; on serrera la vis plus ou moins fort, selon le trait que l'instrument doit produire, et on essaiera l'instrument pour voir si les lignes qu'il trace sont de la grosseur voulue. Si le tire-ligne cessait de marquer, il faudrait le passer légèrement sur le doigt, pour enlever l'encre sèche, et si cela n'était pas suffisant, on le nettoierait avec un chiffon et on le remplirait de nouveau d'encre, comme il est dit plus haut.

Le tire-ligne doit être tenu presque verticalement, en le penchant un peu à droite, et en l'appuyant également contre l'arête de la règle. Le compas doit être employé de manière à ne pas faire de trou dans le papier; en se servant du compas armé du tire-ligne, on doit faire attention de ne pas trop appuyer sur la pointe sèche. Lorsqu'on aura fini de dessiner, il faudra nettoyer les instruments avec le plus grand soin, et surtout le tire-ligne, afin que la rouille ne puisse s'y mettre.

La *règle* sert à tracer les lignes droites.

Soient, par exemple, les deux points A et B (fig. 37), qu'on veut joindre par une ligne droite. On appliquera la règle de manière qu'elle soit éloignée des deux points donnés, de l'épaisseur de la pointe du crayon ou du tire-ligne, et l'on fera glisser le crayon ou le tire-ligne suivant l'arête de la règle.

Le *compas* sert à tracer des cercles ou des portions de cercle, et à prendre la distance de deux points.

Lorsqu'on se propose de tracer un cercle ou une portion de cercle avec un rayon donné, la ligne A C étant le rayon (fig. 38), on ouvre le compas de cette quantité, et en posant une pointe au point A, on fait décrire à l'autre pointe C le tour complet, s'il s'agit d'un cercle, ou une portion de ce tour, si l'on veut seulement tracer un arc de cercle.

Le *double décimètre* est employé lorsqu'on veut tracer une ligne d'une longueur donnée (fig. 39).

Supposons qu'on se propose de tracer une ligne de 30 millimètres, on prendra avec le compas sur le double décimètre la dimension indiquée, qu'on transportera ensuite sur la ligne indéfinie de A en B, sur laquelle on marquera avec le compas les points extrêmes *a* et *b* de la ligne demandée (fig. 40).

Réciproquement, s'il s'agit de déterminer la longueur d'une ligne telle que CD (fig. 41), on la prendra au moyen du compas pour la porter sur le double décimètre, et on lira le nombre de centimètres ou de millimètres qui se trouvent entre les deux pointes du compas; ce sera l'expression de la longueur de la droite CD.

L'*équerre* sert à mener des perpendiculaires et des parallèles.

Pour mener une perpendiculaire à une ligne AB (fig. 42), par le point C pris sur cette ligne, on placera l'un des côtés de l'angle droit de l'équerre contre la ligne AB; on appliquera la règle contre le côté de l'équerre opposé à l'angle droit, et après avoir fait glisser l'équerre jusqu'au point C, on tracera la perpendiculaire CD.

On pourra encore appliquer la règle sur la ligne AB (fig. 43), et contre cette règle l'un des côtés de l'angle droit de l'équerre, qu'on fera glisser jusqu'à ce que l'autre côté de l'angle droit passe par le point C. (*L'équerre pointillée désigne la position primitive dans laquelle on a placé l'instrument au commencement de l'opération.*)

Si le point donné se trouvait hors de la ligne AB (fig. 44), soit en D par exemple, on procédera de la même manière (voyez les figures).

Pour tracer une parallèle à la ligne donnée AB (fig. 45), passant par un point D, on placera l'équerre et la règle comme l'indique la figure, et on fera ensuite glisser l'équerre jusqu'à ce qu'elle arrive avec le côté de l'angle droit au point D, et la ligne DE sera parallèle à la ligne AB.

Le T [té] (fig. 46) est un instrument formé d'une longue règle, à l'extrémité de laquelle une autre beaucoup plus courte est assujettie perpendiculairement. On se sert de cet instrument lorsqu'on dessine sur la surface d'une planchette bien rectangulaire. Si l'on applique le petit bras CD du T contre PP ou *pp*, on pourra tracer deux systèmes de droites : les unes parallèles à *pp*, les autres parallèles à PP, et ces deux systèmes auront des directions perpendiculaires.

C'est ici l'occasion de faire connaître un instrument très-simple pour le tracé des parallèles également espacées, et à telle distance que l'on voudra. L'auteur de cet instrument est M. Sarrus, doyen de la faculté des sciences. Nous avons profité de son désintéressement et de sa bienveillance, et nous croyons rendre service en donnant dans notre livre la description de cet instrument.

Il se compose d'un T [té] (fig. 47), se mouvant entre les coulisses *aa'* et *bb'* qui font corps avec la planchette $p\,p'\,p''\,p'''$; à la règle du *té* est fixée une traverse t, et aux coulisses $a\,a'$ et $b\,b'$ est également fixée une seconde traverse t', parallèle à la première; la traverse t' est munie d'une vis qui lui est perpendiculaire. Cela posé, on voit que l'instrument se compose de deux parties distinctes, savoir, du T muni de la traverse t et de la planchette $p\,p'\,p''\,p'''$ munie des deux coulisses $a\,a'$ et $b\,b'$, ainsi que de la traverse t' qui porte la vis. — Cette vis V sert à donner plus ou moins d'écartement aux parallèles qu'on veut tracer. — Pour se servir de cet instrument, placez l'appareil de manière que M N coïncide avec la ligne à laquelle on veut mener des parallèles; appuyez la pointe de la vis contre la traverse t, et l'écartement des parallèles sera mesuré par la distance qui sépare les deux arêtes $M'N'$ et $p\,p'$; tracez la ligne M N; cela étant fait, appuyez sur la planchette, reculez le T jusqu'à ce que $M'N'$ coïncide avec $p\,p'$, et tracez la seconde ligne suivant la nouvelle position de M N, puis, appuyant sur le T, reculez la planchette jusqu'à ce que la pointe de la vis vienne de nouveau s'appuyer contre la traverse t; faites glisser le T jusqu'à ce que $M'N'$ coïncide de nouveau avec $p\,p'$, et tracez la troisième ligne; continuez le même mouvement et vous obtiendrez une suite de lignes mathématiquement parallèles et également espacées.

Le *rapporteur* s'emploie pour mesurer les angles ou pour en construire d'une grandeur donnée.

Il consiste en un demi-cercle en cuivre ou en corne mince transparente. Sa circonférence est divisée en 180 parties égales, nommées *degrés*.

La quantité comprise entre 0° et 90° est la mesure d'un angle droit; chaque degré se divise en 60 parties égales, nommées *minutes*, et chaque minute en 60 parties égales, nommées *secondes*.

Dans le système des nouvelles mesures, la circonférence est partagée en quatre cents parties égales, qu'on appelle *grades*; le grade se divise en décigrades, centigrades, milligrades, etc. : 100 grades sont la mesure du quart du cercle, qu'on appelle *quadrans*.

Supposons que l'on ait à mesurer l'angle D E F (fig. 48), on pose le rapporteur de manière que son centre C coïncide avec le point E, sommet de l'angle que l'on veut mesurer; l'on applique A B exactement contre la ligne D E (côté de l'angle), et on lit sur la circonférence le nombre de degrés compris entre E D et E F, côté de l'angle donné; ce nombre de 75° indique la mesure de l'angle.

Si l'on veut sur une ligne donnée, D Y, en un point I faire un angle égal à un angle donné, on prendra d'abord la mesure de l'angle donné, puis on placera le rapporteur de manière que le point C se trouve exactement au sommet de l'angle, par exemple en I; on dirigera la ligne A B du rapporteur suivant la ligne indéfinie D Y, on fera une marque au crayon au point C′, correspondant à la division qui marque la grandeur de l'angle donné. On enlèvera ensuite le rapporteur, on mènera la ligne indéfinie I C′, et on aura l'angle demandé.

Papier. — Pour le dessin au trait, employez du papier *vergé.* Pour le dessin colorié prenez du papier anglais *Wathmann.*

La feuille de papier sur laquelle on exécute le dessin, doit toujours être posée sur une surface parfaitement plane; cette surface est ordinairement un rectangle en carton assez épais : mais dans les dessins de longue haleine, et surtout dans les dessins d'architecture, machines, etc., où l'on a à tracer un grand nombre de lignes horizontales et verticales, il sera presque indispensable d'employer la planchette et le T (té). Le papier doit alors être fixé et parfaitement tendu sur la planchette. Nous allons indiquer les différentes précautions à prendre pour arriver à ce but.

Pour fixer le papier sur la planche on emploie différentes colles; celle qui mérite la préférence est la colle à bouche, la seule qui ne salisse pas la planchette et le papier. — L'opération se décompose en trois temps, savoir : 1.º *Pliage des bords*, 2.º *Mouillage du papier*, 3.º *Collage.*

1.º Après avoir soigneusement nettoyé la planche, étendez-y la feuille de papier, et repliez-en les quatre bords de la largeur d'un demi-centimètre environ.

2.º Retournez la feuille, passez une éponge imbibée d'eau sur la surface supérieure jusqu'à ce que le papier soit suffisamment humide; de cette manière les rebords tournés vers la planchette ne se mouilleront pas. — Nous ferons observer ici que si l'eau perce rapidement le papier, ce sera une preuve qu'il a été mal collé en fabrique; il ne pourra dès lors être employé pour le dessin à l'encre de Chine (lavis) ou à d'autres couleurs. Il sera également impropre à cet usage si, après le mouillage, il présente des taches grisâtres.

3.º Les deux premiers temps étant exécutés, retournez la feuille de manière que la surface sur laquelle vous avez passé l'éponge, s'applique contre la planchette; puis, tenant la règle de la main gauche, appliquez-la contre un rebord, de manière à le maintenir dans une position à peu près verticale; mouillez la tablette de colle à bouche, et, le tenant de la main droite, frottez la surface du rebord opposé à la règle, en ayant soin de prendre pour point d'appui l'index de la main gauche, jusqu'à ce que cet index ressente la chaleur développée par le frottement; cela fait, repliez contre la planchette le rebord sur lequel on a promené la colle, en maintenant toujours la règle avec la main gauche; frottez avec les ongles du pouce et de l'index de la main droite la surface supérieure, en appuyant assez fortement, pour déterminer une adhérence suffisante.

On doit toujours dans cette opération aller de la partie moyenne vers les extrémités, et avoir soin de passer immédiatement du collage d'un bord à celui du bord opposé.

Lorsque le papier ne doit pas rester longtemps sur la planchette, ce qui arrive pour des dessins de peu d'importance, il suffira de faire le collage en quelques points. — Il faut, autant que possible, hâter l'opération en ayant soin de ne faire subir à la feuille aucune traction dans un sens ou dans un autre. — On doit aussi se garder d'exposer le papier à une trop haute température (chaleur du poële, fort soleil); car le papier, séchant trop rapidement, se décolle et se déchire.

Problèmes.

On donne le nom de *problème* à toute question qui exige une solution. L'inconnue que l'on cherche dans un problème de géométrie est un point ou un lieu géométrique, qui sont déterminés par les conditions auxquelles ce point ou ce lieu doivent satisfaire. Ces conditions se nomment les *données du problème*.

Le géomètre considère une question comme résolue, lorsqu'il est parvenu à indiquer la série des constructions qu'il faut effectuer pour arriver à la détermination de l'*inconnue*; c'est alors seulement que le rôle du dessin géométrique commence; c'est par son emploi que l'on peindra exactement aux yeux les différentes constructions qui sont le fruit des conceptions du géomètre; que l'on assignera d'une manière rigoureuse la position du point que l'on cherche, si l'inconnue est un point, ou bien la forme et la position du lieu, si l'inconnue est un lieu.

Lorsque toutes les parties de la figure sont dans un même plan, le dessin géométrique consistera simplement à tracer avec soin les différentes lignes qui doivent entrer dans la figure d'après les règles qui ont été posées plus haut.

Lorsque, au contraire, les figures sur lesquelles on raisonne embrassent les trois dimensions, le dessin géométrique devient insuffisant au premier abord, puisqu'on ne peut représenter exactement sur une feuille de papier des constructions à faire *dans l'espace*. Cependant l'illustre Monge est parvenu à donner des règles précises, au moyen desquelles ces constructions se ramènent encore au dessin géométrique proprement dit, c'est-à-dire à des tracés faits dans un seul et même plan. — C'est ce que nous développerons dans la partie qui traitera des *éléments de géométrie descriptive.*

Le tableau suivant doit être bien étudié : avant de passer au tracé des épures, on doit se familiariser avec le dessin des lignes conventionnelles.

Tracé des lignes des épures.

Ligne donnée et ligne de résultat.	Visible	Ligne pleine.
	Invisible	Ponctuée.

Nota. La ligne est visible, lorsqu'elle n'est cachée à l'observateur par aucun obstacle ; elle est au contraire invisible, lorsqu'entre l'observateur et cette ligne se trouve interposé un plan, une surface quelconque ou un corps.

Ligne auxiliaire ou de construction.	— — — — — — — —	Pointillée.
	—·—·—·—·—·—·—·—·	
	—··—··—··—··—··	Mixte.
	— ··· — ··· — ···	

La ligne pointillée peut être employée pour toute ligne de construction ; cependant, lorsque certaines de ces lignes méritent d'attirer particulièrement l'attention, on les tracera en lignes mixtes.

Problème 1.

Trouver le lieu de tous les points également distants de deux points donnés A *et* B.
(Pl. IV, fig. 1.)

Des deux points donnés A et B, avec un écartement plus grand que la moitié de la distance du point A au point B, décrivez les arcs M N M′ N′ et P O P′ O′, qui se coupent aux points Q et Q′ ; tracez la ligne Q Q′, qui sera le lieu de tous les points également distants des deux points donnés A et B.

L'épure (fig. 2), dont la construction est fondée sur le même principe que la construction du problème 1, nous représente une droite A B, divisée au point C en deux parties égales. L'épure (fig. 3) nous représente une perpendiculaire Q Q′, élevée sur le milieu C d'une droite A B.

13

Problème 2.

En un point C, sur une ligne donnée AB, élever une perpendiculaire. (Fig. 4.)

A partir du point C, prenez de part et d'autre sur la ligne AB deux parties égales CD et CE; des points D et E, comme centre, et d'un intervalle plus grand que CD, décrivez deux arcs de cercle, qui se coupent soit au-dessus, soit au-dessous de la ligne AB, au point P; menez la ligne PC, qui sera la perpendiculaire demandée.

Problème 3.

D'un point C, pris hors d'une droite donnée AB, abaisser une perpendiculaire sur cette droite. (Fig. 5.)

Du point C, comme centre, et d'un écartement assez grand, décrivez un arc qui coupe la ligne AB en deux points D et E; de ces deux points, avec la même ouverture du compas, décrivez deux arcs qui se coupent au point F; tracez la ligne CF, qui sera la ligne demandée.

Le point P (fig. 5) se nomme le *pied* de la perpendiculaire.

Problème 4.

A l'extrémité A de la droite AB élever une perpendiculaire.

Deux cas peuvent se présenter :

1.° Lorsqu'on peut prolonger la droite AB au delà du point A (fig. 6), on la prolongera, et la solution est donnée par le problème 2.

2.° Lorsqu'on ne peut prolonger la droite (fig. 7), décrivez d'un point quelconque C, comme centre, une circonférence, qui passe par le point A et qui coupe au point D la ligne AB; portez sur la circonférence trois fois l'écartement avec lequel vous avez tracé le cercle, à partir du point D; marquez le point E, et joignez-le au point A par une droite EA, qui sera la perpendiculaire demandée.

Ou bien :

Prenez une longueur AD (fig. 8) sur la ligne donnée; des deux points A et D décrivez deux arcs qui se coupent en C; tracez la ligne DC, que vous prolongerez d'une quantité CE égale à DC; menez la ligne EA, et vous aurez la perpendiculaire demandée.

Cette dernière solution est très-utile pour la construction des cadres de dessin; il faut prendre pour A D une longueur aussi grande que possible, et le résultat sera par là plus exact.

Remarque. Pour mesurer la distance d'un point à une droite, vous abaisserez de ce point une perpendiculaire sur la droite donnée. Soit C P cette perpendiculaire (fig. 5); mesurez cette perpendiculaire, et vous aurez la distance cherchée, car la perpendiculaire C P est le plus court chemin du point C à la droite A B.

Problème 5.

Mener une droite parallèle à une droite donnée A B.

Deux cas peuvent se présenter :

1.° Si le point par lequel doit passer la parallèle n'est pas donné (fig. 9), prenez sur la droite A B deux points C et D; de ces points et d'un intervalle quelconque, décrivez deux arcs, M N et O P; appliquez la règle de manière qu'elle touche à la fois les deux arcs en R et S; menez la droite X Y, qui sera la parallèle cherchée.

2.° Si la parallèle doit passer par un point donné C (fig. 10); d'un point quelconque D, pris sur la droite A B, décrivez un arc qui passe par le point C et qui coupe la droite A B au point E; du point C, et avec le même intervalle, tracez l'arc D F, sur lequel, à partir du point D, vous porterez la distance E C jusqu'en G; menez la droite C G, et vous aurez la droite cherchée.

Problème 6.

Tracer un angle égal à un angle donné B A C. (Fig. 11.)

Menez une ligne indéfinie A′ C′. Si vous voulez construire l'angle au point A′, décrivez de ce point, comme centre, un arc D′ E′; du point A, comme centre, sommet de l'angle donné, décrivez l'arc E D avec le même intervalle; portez la distance E D du point D′ jusqu'en E′; et menez la ligne B′ A′, et vous aurez l'angle B′ A′ D′ égal à l'angle donné.

Dans le cas où la ligne serait donnée, ainsi que le point M (fig. 12), où doit se trouver le sommet de l'angle cherché, vous appliqueriez la même construction.

On peut se proposer de construire un angle égal à la somme de deux angles donnés M et N, ou bien égal à leur différence (fig. 13 et 14); l'angle O P Q est égal à la somme, et l'angle R S T est égal à la différence des angles M et N.

15

Problème **7.**

Partager l'angle ABC *en deux parties égales.* (Fig. 15.)

Du point B, comme centre, décrivez un arc qui coupe les côtés BA et BC aux points E et F; de ces points, comme centre, décrivez deux arcs de cercle qui se coupent en O; menez la ligne OB; elle partagera l'angle en deux parties égales; on nomme la ligne OB *bissectrice* de l'angle.

La ligne BO est le lieu géométrique des centres de tous les cercles tangents aux deux droites AB et BC. Prenez un point quelconque D sur la bissectrice, abaissez deux perpendiculaires DE et DF sur les côtés de l'angle, ces perpendiculaires DE et DF sont égales entre elles. Les points E et F sont les points de *contact* du cercle, dont D est le centre et auquel les côtés de l'angle sont tangents.

Remarque. Si l'on a deux droites, telles que AB et CD (fig. 16), qui se coupent en O, vous obtiendrez deux bissectrices GH et IK des angles COB et AOD et des angles AOC et BOD.

Dans ce cas, les bissectrices des angles adjacents COB et AOC seront perpendiculaires entre elles.

Problème **8.**

Trouver la bissectrice d'un angle dont le sommet se trouve hors des limites du dessin.

1.re *Construction* (fig. 17). Menez deux droites FG et FK, parallèles aux deux concourantes AB et CD, et telles que leurs distances respectives à AB et CD soient égales (probl. 5). Cherchez la bissectrice FI de l'angle GFK, et vous aurez la bissectrice demandée.

2.e *Construction* (fig. 18). Par un point E de la droite AB menez HG, parallèle à CD; partagez l'angle BEH en deux parties égales par la bissectrice EK; sur le milieu de EK élevez une perpendiculaire, et vous aurez OK, la bissectrice demandée.

Problème **9.**

Diviser une droite en plusieurs parties égales.

1.re *Construction* (fig. 19). Soit à diviser la droite AB en cinq parties égales; menez par le point A une droite AE sous un angle plus grand que

30°[1]; prenez sur cette droite cinq parties égales, A1., 1.2, 2.3, 3.4 et 4.5; tirez la ligne 5B, et par les points 4. 3. 2. et 1. menez des parallèles à la droite 5B; elles diviseront la droite AB en cinq parties égales aux points I, II, III et IV.

2.ᵉ *Construction.* Soit à diviser AB en trois parties égales. Portez sur la ligne AY (fig. 20) quatre parties égales, toujours une de plus que le nombre des divisions que vous voulez obtenir sur la droite donnée; joignez le point 4 au point B, et prolongez cette ligne de la quantité BC égale B4; menez ensuite la ligne 2C, et BX sera le tiers de la ligne AB.

PROBLÈME 10.

Sur une droite donnée CD *décrire un segment capable de l'angle donné* M.
(Fig. 21.)

A l'extrémité D de la droite CD, construisez l'angle CDE égal à l'angle donné M; au point D élevez une perpendiculaire DG sur DE, qui coupe la perpendiculaire HI élevée sur le milieu de CD au point F; du point F comme centre, avec le rayon FD, décrivez une circonférence, et le segment CND satisfait à la question, car vous aurez les angles COD, CO′D, etc., égaux entre eux et égaux à l'angle donné M.

PROBLÈME 11.

Partager l'angle donné en plusieurs parties égales, en cinq par exemple. (Fig. 22.)

Soit à partager l'angle BAC en cinq parties égales. Du point A comme centre et avec un rayon quelconque, décrivez l'arc mp, et portez sur cet arc, à partir du point m, une longueur arbitraire approchant du cinquième de l'arc mn, jusqu'à ce qu'un point de division tombe au delà du point n en 5; à partir du point m et sur la ligne mC, portez les longueurs $m1' = m1$, $1'.2' = 1.2$, $2'.3' = 2.3$, $3'.4' = 3.4$, et $4'.n' = 4n$, et prenez le cinquième de mn', soit mx ce cinquième, vous le porterez sur l'arc mn et vous aurez les points de divisions $1''$ $2''$ $3''$ $4''$, par lesquels vous menerez des droites qui diviseront sensiblement l'angle BAC en cinq parties égales.

---

1. Nous ferons remarquer que, quelle que soit la ligne AE, elle donnera toujours la solution; mais il n'en sera pas de même sous le point de vue graphique. Les lignes des épures ne sont pas des lignes mathématiques, il faut donc les tracer de manière que leur intersection soit exactement déterminée, et pour cela il faut que les droites qui se coupent fassent entre elles au moins un angle égal à un demi droit.

Problème 12.

Partager l'angle A O B *en trois parties égales.* (Fig. 23.)

Pour partager l'angle A O B en trois parties égales, décrivez avec un rayon quelconque une demi-circonférence M N P et faites P Q = O P; au point O élevez une perpendiculaire O Z à la ligne B Q, et joignez le point R au point Q, la ligne R Q coupera O Z au point 1; avec une ouverture de compas égale au diamètre M P, et d'un point C, plus bas ou plus haut que le point 1, comme centre, décrivez un arc qui coupe M Q en un point Q′, menez la ligne R Q′, qui coupera O Z au point 2, et portez la quantité O 2 sur l'arc M R à partir de M jusqu'en *a* et de R jusqu'en *b*. Si *a* et *b* ne divisaient pas exactement l'arc M R en trois parties égales, il faudrait choisir un nouveau point sur O Z et répéter la même opération; on finira par trouver une corde qui soutendra les deux tiers de l'arc M R.

Exercices.

Nous proposons de chercher les solutions graphiques des problèmes suivants :

1. Deux points M et N étant donnés et ayant une distance de $0,^m050$, trouver un troisième point X, dont la distance au point M soit égale à $0,^m035$, et dont la distance au point N soit égale à $0,^m027$.

2. Une ligne M N étant donnée, trouver une ligne telle que la distance de tous ses points à la ligne donnée M N soit égale à $0,^m029$.

3. Deux droites, M N et O P qui se coupent, étant données, trouver un point dont la distance à M N soit égale à $0,^m025$, et la distance à O P égale à $0,^m017$.

4. Trois droites, M N, O P et Q R qui se coupent, étant données, trouver un point également distant des trois lignes données. Dans cette question les trois droites peuvent se couper deux à deux, ou bien deux d'entre elles peuvent être parallèles et coupées par une troisième d'une manière quelconque.

5. Au point A sur la ligne M N, faites un angle égal à l'angle donné Q, de manière que le second côté passe par le point donné P.

6. Deux points A et B, étant donnés hors d'une droite C D, trouver un troisième point X sur la ligne C D, tel que les angles que forment les lignes A X et X B avec la ligne C D soient égaux.

Définitions.

1. On appelle *rapport* de deux lignes le nombre qui indique combien de fois la première contient la seconde. — Quatre lignes sont en proportion lorsque le rapport des deux premières est égal au rapport des deux dernières.

Soient données deux lignes A B et C D (fig. 24), dont la première A B contient la seconde C D quatre fois; nous dirons que le rapport de ces deux lignes est 4.

Les deux lignes E F et G H ont aussi le même rapport 4 (fig. 25).

Les lignes A B et C D, E F et G H se nomment les *termes du rapport*. L'ensemble de ces quatre lignes forme une *proportion*.

Le rapport entre les deux lignes A B et C D s'exprime comme il suit : $\frac{AB}{CD} = 4$, ou bien A B : C D $= 4$. Cela veut dire que A B divisé par C D égale quatre.

La proportion s'écrit de la manière suivante :

$$AB : CD :: EF : GH.$$

Lisez A B est à C D comme E F est à G H. — Le dernier terme G H de la proportion se nomme *quatrième proportionnelle* aux trois lignes A B, C D et E F.

2. Lorsque les quatre termes sont tels que la figure 26 nous les montre, c'est-à-dire que les deux termes du milieu sont égaux, vous écrirez la proportion M N : O P :: O P : Q R; le terme O P du milieu se nomme *moyenne proportionnelle* entre M N et Q R, et la proportion se nomme *proportion continue*. Vous pouvez encore écrire $\div$ M N : O P : Q R et lire *proportion continue* ($\div$) M N est à O P est à Q R; le terme Q R est une *troisième proportionnelle* aux deux lignes M N et O P.

3. Connaissant trois lignes, on peut toujours en déterminer une quatrième qui soit à la troisième comme la seconde est à la première.

4. Connaissant deux lignes, on peut leur trouver une troisième proportionnelle; car cela revient à déterminer une quatrième proportionnelle à trois lignes, dont la troisième est égale à la seconde.

Problème 13.

Trouver une quatrième proportionnelle à trois lignes données, M, N *et* O. (Fig. 27.)

Tracez un angle B A C plus grand que 30°; prenez sur A C une partie A D égale à M; à la suite, prenez une partie D K égale à N; sur le second côté prenez A E égale à O; joignez le point D au point E, et par le point K tracez une parallèle à D E, et E F sera la quatrième proportionnelle cherchée. A D : D K :: A E : E F.

Problème 14.

Trouver une moyenne proportionnelle entre deux lignes R *et* S. (Fig. 28).

Sur une ligne indéfinie M N portez une quantité égale à la ligne R, de M en P ; à la suite, portez la ligne S jusqu'en O ; du milieu C de la ligne M O tracez une demi-circonférence ; élevez une perpendiculaire au point P sur la ligne M N, qui rencontre la demi-circonférence au point Q ; la ligne P Q sera la moyenne proportionnelle cherchée entre R et S, et vous aurez la relation R : PQ :: PQ : S.

Problème 15.

Partager une ligne donnée C D *en deux parties telles que la plus grande partie soit moyenne proportionnelle entre la ligne entière et la plus petite partie.* (Fig. 29).

On énonce ordinairement cette question ainsi : *Partager une ligne droite en moyenne et extrême raison.*

Élevez une perpendiculaire D E à l'extrémité de la droite C D ; portez sur cette perpendiculaire la moitié de C D ; du point E comme centre, tracez une circonférence tangente en D ; menez la ligne C E, qui coupera la circonférence en F ; rabattez CF sur CD, en décrivant l'arc F G ; CG sera la ligne cherchée, et vous aurez CD : CG :: CG : GD.

Échelle.

On dessine rarement les figures en grandeur naturelle. Le plus souvent on les représente sous des dimensions plus petites. L'échelle est un instrument indispensable pour en opérer la réduction.

Au moyen de l'échelle on pourra revenir des différentes dimensions de la figure réduite aux dimensions correspondantes de la figure réelle.

Les dessins cotés[1] n'exigent pas l'emploi de l'échelle ; il suffit de connaître l'unité de mesure qui a servi de base pour placer les cotes. Si l'on voulait employer le système de cotes pour la représentation des figures compliquées, tels que bâtiments, machines, etc., les dessins seraient surchargés de chiffres (cotes) et deviendraient trop confus ; l'échelle remédie à cet inconvénient.

---

1. On appelle dessin *coté* une figure dont les différentes dimensions sont indiquées au moyen de chiffres ; ces chiffres se nomment cotes.

La grandeur de l'échelle doit être subordonnée à celle de la figure que l'on veut représenter; plus l'objet est grand et moins il renferme de détails minutieux, moins l'échelle sera grande. Dans le cas contraire on augmentera ses dimensions, afin de reproduire dans le dessin d'une manière plus exacte l'objet dans tous ses détails. Ainsi, dans un dessin d'architecture, d'ornement, de machine, etc., on prendra une échelle d'autant plus grande que les détails à reproduire seront plus minutieux.

Les dimensions de la figure réduite sont toujours, dans ce cas, une fraction assez grande de celles de la figure réelle; mais si l'on a à reproduire la façade ou le plan d'un édifice, la fraction de réduction devra être beaucoup plus petite, car sans cela le dessin offrirait une étendue telle qu'il serait difficile d'en saisir l'ensemble. Cette remarque est surtout applicable aux levées de terrain.

Problème 16.

Construire une échelle du vingtième, représentant les mètres et les décimètres.
(Fig. 30.)

Au moyen du calcul, cherchez la vingtième partie du mètre et vous trouverez 5 centimètres. Sur une droite indéfinie A B, prenez un point où vous écrirez 0 (zéro), et qui sera le commencement de l'échelle. A partir du point 0, portez une suite de longueurs égales à 5 centimètres; vous obtiendrez une suite de points que vous numéroterez 1, 2, 3, 4, 5, 6, etc. A gauche de 0 (zéro), portez une longueur égale à 5 centimètres; partagez-la en 10 parties égales, et chacune de ces parties représentera un décimètre.

Problème 17.

Construire une échelle au centième, représentant les mètres et les décimètres, ou de 0,^m01 pour 1 mètre.

Tracez une ligne indéfinie AB; sur cette ligne, de A′ en C, portez 10 millimètres; chaque millimètre représentera un décimètre. Donc la longueur A′C vous donne la valeur d'un mètre au centième (voir la figure 30 *b*).

Si vous voulez avoir des distances moindres que les décimètres, par exemple des centimètres, vous ferez la construction suivante : A l'une des extrémités I (fig. 30 *c*) de la droite A B, élevez une perpendiculaire I K, sur laquelle vous porterez 10 fois une longueur arbitraire. Par tous les points 1, 2, 3, 4, 5, 6, 7, 8, 9, 10, menez des parallèles à A B; portez sur la droite I B de I en C dix millimètres, faites-en autant pour K L, joignez le point 1 et 0, 2 et 1′, 3 et 2′, 4 et 3′, 5 et 4′, 6 et 5′, 7 et 6′, 8 et 7′, 9 et 8′, 10 et 9′; toutes ces nouvelles droites sont parallèles, et elles interceptent sur les parallèles à A B des parties égales à 0,^{m}0001, 0,^{m}0002, 0,^{m}0003, 0,^{m}0004, 0,^{m}0005, 0,^{m}0006, 0,^{m}0007, 0,^{m}0008, 0,^{m}0009, 0,^{m}001. L'échelle étant ainsi construite, supposons que l'on veuille prendre une longueur de 8,^{m}65 : vous prendrez sur la parallèle à A B, passant par le point 5, la longueur *mn*, qui sera la longueur demandée, réduite à l'échelle. En effet, cette droite *mn* se compose de *mo* = 0,^{m}08, de *nq* = 0,^{m}006 et de la partie *oq* = 0,^{m}0005; donc en tout 0,^{m}0865, ce qui représente à l'échelle convenue la droite donnée de 8,^{m}65.

La partie de l'échelle construite à gauche du point *zéro* se nomme *partie supplémentaire de l'échelle*.

Définitions.

1. On nomme *triangle* l'espace renfermé entre trois droites qui se coupent deux à deux. Dans un triangle il y a six éléments à considérer, savoir : trois côtés et trois angles (fig. 31). L'espace compris entre les trois droites A B, A C et C B est un triangle. Ces trois lignes s'appellent *côtés* du triangle; les trois angles C A B, A C B et A B C sont les *angles* du triangle; les sommets de ces angles sont les *sommets* du triangle.

2. On appelle *hauteur* du triangle la perpendiculaire abaissée d'un des sommets du triangle sur le côté opposé (fig. 32); la ligne C D est la *hauteur* et A B la *base* du triangle.

3. On appelle *triangle équilatéral* (fig. 33) un triangle dont les trois côtés sont égaux; dans le triangle équilatéral chaque angle a 60 degrés.

4. On appelle *triangle isocèle* (fig. 34) un triangle dans lequel deux côtés sont égaux; le troisième côté inégal s'appelle la *base*, et le sommet de l'angle opposé à la base s'appelle le *sommet* du triangle. — On donne aussi le nom de triangle *symétrique* à un triangle qui a deux côtés égaux.

En général, une figure est symétrique lorsqu'on peut mener une ligne dans la figure qui divise celle-ci en deux parties parfaitement égales.

Dans le triangle *isocèle* ou *symétrique*, les angles à la base [angles adjacents] (fig. 34) C A B et C B A sont égaux.

5. On appelle *triangle rectangle* (fig. 35) un triangle qui a un angle droit. Le côté C B, opposé à l'angle droit B A C, s'appelle *hypothénuse*; pour la hauteur on peut prendre un des côtés quelconques de l'angle droit.

6. La somme de tous les angles d'un triangle quelconque est toujours égale à deux angles droits, c'est-à-dire à 2 fois 90 degrés ou 180 degrés. De là il suit que si l'on connaît deux de ces angles, on peut trouver le troisième, soit par calcul, soit par construction graphique.

7. Pour qu'un triangle soit déterminé, il faut connaître : les trois côtés, ou deux côtés et un angle, ou un côté et deux angles. — Lorsqu'on a les trois côtés d'un triangle, il faut prendre pour la base une ligne qui soit plus petite que la somme des deux autres côtés. On ne peut pas se donner les trois angles, vu que la grandeur du dernier résulte de la grandeur des deux autres. L'on peut d'ailleurs construire une infinité de triangles, ayant des angles égaux à des angles donnés.

Pour construire un triangle rectangle, sachant qu'un des angles est droit, il ne reste plus à connaître que deux autres conditions (pourvu que l'une de ces conditions soit un côté), pour qu'il soit complétement déterminé.

Pour le triangle équilatéral il suffit de connaître un côté.

Pour construire un triangle isocèle, connaissant une des conditions, il suffira alors de se donner les deux autres.

Problème 18.

Étant donnés les deux angles M *et* N *d'un triangle, trouver le troisième.* (Fig. 36.)

Tracez une ligne indéfinie A B, et en un point C construisez l'angle A C D, égal à l'angle M. Au même point C et sur la ligne C D faites un angle D C F, égal à l'angle N, et le troisième angle F C B, à la suite du second, sera l'angle cherché.

Si les deux angles étaient donnés en degrés, par exemple le premier égal à 75°, le second à 48°, vous feriez la somme de ces deux nombres; vous auriez 123°, que vous retrancheriez de 180°, et la différence 57° serait la valeur du troisième angle du triangle.

Problème 19.

Étant donnés deux angles O *et* P, *adjacents au côté donné* R, *tracer le triangle.*
(Fig. 37.)

Pour que ce problème soit possible, il faut vérifier la grandeur des angles donnés; on doit avoir pour somme des deux angles donnés une valeur moindre que deux angles droits, c'est-à-dire moindre que 180°.

Tracez une ligne indéfinie XY; sur cette ligne portez la longueur du côté donné R du point A jusqu'en B. Au point A, sur XY, faites un angle égal à l'angle O; au point B, sur la même ligne, faites un angle égal à P; les deux lignes BQ et AQ′ se couperont en un point C, et le triangle ABC sera le triangle demandé.

Problème 20.

Connaissant la longueur des trois côtés M, N *et* O *d'un triangle, construire le triangle.* (Fig. 38.)

Portez sur une ligne indéfinie XY la longueur d'un des côtés donnés, par exemple M, du point A jusqu'en B; des points A et B comme centres, décrivez des arcs avec les rayons N et O, qui se coupent en C; menez les lignes CA et CB, et vous aurez le triangle demandé ABC.

Vous pouvez construire le triangle indifféremment, soit au-dessus, soit au-dessous de la ligne indéfinie XY. — Pour que le problème soit possible, il faut que le plus grand des trois côtés donnés soit moindre que la somme des deux autres.

Problème 21.

Étant donné un angle Q *et les deux côtés* S *et* T, *comprenant cet angle, construire le triangle.* (Fig. 39.)

Tracez une ligne indéfinie XY; en un point quelconque A, sur cette ligne, faites un angle égal à l'angle Q; portez sur l'un des côtés de l'angle MAY une longueur AC, égale à S, et sur l'autre côté une longueur AB, égale à T; menez la ligne BC, et le triangle ABC sera le triangle demandé.

Problème 22.

Étant donnés deux côtés M *et* N, *et l'angle* O *opposé au côté* M, *construire le triangle.* (Fig. 40).

Sur une ligne indéfinie AX faites au point A un angle YAX, égal à l'angle O; prenez sur AY une longueur AB, égale à la ligne N; du point B, comme centre, et avec un rayon égal à M, décrivez l'arc ZS, qui coupera AX au point C; menez la ligne BC, et vous aurez ABC, le triangle cherché.

Ce problème offre quelques cas particuliers, et il n'est possible qu'autant que les conditions que nous allons exposer seront remplies.

Dans le cas où l'angle donné O est droit ou obtus, le côté M, qui doit lui être opposé, doit être plus grand que le côté N; autrement l'arc décrit du point B, comme centre, ne couperait point la ligne A X (fig. 41).

Lorsque l'angle donné O est aigu, le côté M, qui lui est opposé, peut être plus grand ou plus petit que le côté N; cependant il ne saurait être plus petit que la perpendiculaire B D (fig. 42), abaissée du point B sur le côté indéfini A X.

Dans le cas où l'angle donné O est aigu, et que le côté M est plus petit que N, l'arc décrit du point B, comme centre, coupera la ligne A X en deux points, C et C', situés du même côté de A B, et vous aurez deux triangles A B C et A B C', qui satisfont au problème.

Exercices.

1. Construire un triangle équilatéral, lorsqu'on connaît la longueur d'un côté, égale à 0,^{m}078.

2. Construire un triangle isocèle, sachant que la base est égale à 0,^{m}060, et que l'angle adjacent à la base est égal à 38°.

3. Construire un triangle isocèle, sachant que la base est égale à 0,^{m}082 et la hauteur à 0,^{m}053.

4. Construire un triangle, sachant que la base est égale à 0,^{m}059, que l'angle adjacent à la base est égal à 67°, et que la hauteur est égale à 0,^{m}045.

5. Construire un triangle rectangle isocèle, sachant que le côté de l'angle droit est égal à 0,^{m}04.

6. Construire un triangle rectangle, sachant que le côté A B de l'angle droit est égal à 0,^{m}037 et le côté A C égal à 0,^{m}045.

7. Construire un triangle rectangle, sachant que l'hypothénuse B C est égale à 0,^{m}055, et que l'angle aigu est égal à 49°.

8. Construire un triangle rectangle, sachant que l'angle aigu est égal à 38°, et que le côté opposé A C est égal à 0,^{m}062.

Définitions.

1. L'espace renfermé entre quatre lignes droites, qui se coupent deux à deux comme dans la (fig. 43), A B C D, se nomme *quadrilatère*.

Dans un quadrilatère on remarque quatre côtés et quatre angles; A B, B C, C D et D A sont les côtés, et les quatre angles sont A, B, C et D.

2. On appelle *diagonale*, la ligne qui joint les sommets de deux angles opposés, comme par exemple A C. La diagonale partage le quadrilatère en deux triangles.

La somme des quatre angles du quadrilatère vaut quatre angles droits ou 360°.

3. On appelle *carré*, un quadrilatère dont les quatre côtés sont égaux et les quatre angles droits (fig. 44). Les diagonales sont égales et se coupent à angle droit, les quatre parties sont égales, et la figure est divisée en deux triangles symétriques.

4. On appelle *rectangle*, un quadrilatère dont les quatre angles sont droits et les côtés opposés égaux (fig. 45). Les diagonales sont égales et se coupent en parties égales.

5. On appelle *parallélogramme* ou *rhombe*, un quadrilatère dont les côtés sont parallèles et égaux deux à deux (fig. 46). Les diagonales se coupent en parties égales.

6. On appelle *losange* ou *rhomboïde*, un parallélogramme dont les quatre côtés sont égaux (fig. 47). Les diagonales se coupent en parties égales et à angle droit, et de plus la figure est divisée en deux triangles symétriques.

7. On appelle *trapèze*, un quadrilatère dans lequel deux côtés seulement sont parallèles (fig. 48).

8. Le trapèze est *droit*, lorsque l'un des côtés non parallèles est perpendiculaire aux bases (fig. 49).

9. Le trapèze est dit *symétrique*, lorsque la perpendiculaire élevée sur le milieu d'un des côtés parallèles, divise la figure en deux parties parfaitement égales (fig. 50).

Conditions pour la construction des quadrilatères.

Noms des quadrilatères.	Nombre de conditions.
Quadrilatère en général.	5
Carré.	1
Rectangle.	2
Parallélogramme.	3
Losange	2
Trapèze quelconque; cas particulier des quadrilatères.	4
Trapèze droit et trapèze symétrique.	3

PROBLÈME 23.

Construire un quadrilatère, connaissant les quatre côtés M, N, O *et* P *et la diagonale* Q. (Fig. 51.)

Sur une ligne indéfinie XY, portez une longueur Q de A en D; sur AD faites un triangle ACD, avec les données M et N (probl. 20), et sur la même ligne AD, faites un second triangle ABD avec les données P et Q, et la figure ABDC sera le quadrilatère demandé.

Problème 24.

Construire un quadrilatère, connaissant les trois côtés M, N *et* O *et les deux diagonales* Q *et* R. (Fig. 52.)

Sur une ligne indéfinie X Y, portez la longueur de la diagonale Q de E en G ; sur la ligne EG faites un triangle EFG (probl. 20) avec les données M et N ; du point F, comme centre, et avec un rayon égal à la diagonale donnée R, décrivez l'arc Z S ; du point E, comme centre, avec un rayon égal à O, décrivez un second arc, qui coupe le premier au point H ; menez les lignes H E et H G, et la figure EFGH sera le quadrilatère demandé.

Problème 25.

Construire un carré, connaissant le côté AB *égal à* $0,^m04$. (Fig. 53.)

Avec un rayon égal à $0,^m04$, des points A et B décrivez deux arcs BKG et AKC ; portez BK de K en G, et tirez la ligne GB, qui coupera l'arc AKC au point I en deux parties égales ; du point K, comme centre, et avec un rayon égal à K I, décrivez un arc qui coupera aux points D et C les deux premiers arcs ; tirez les lignes DA, DC et CB, et vous aurez le carré demandé.

Problème 26.

Construire un rectangle, connaissant DC *(base), égal à* $0^m,055$, *et* CF *(hauteur), égal à* $0,^m035$. (Fig. 54.)

Prenez une ligne DC égale à $0,^m055$; au point C élevez une perpendiculaire CF sur CD, égale à $0,^m035$; du point F, comme centre, décrivez un arc avec un rayon égal à $0,^m055$; du point D, comme centre, avec un rayon égal à $0,^m035$, décrivez un arc qui coupera le premier au point G, et DCFG sera le rectangle demandé.

Problème 27.

Construire un parallélogramme, connaissant A B *(base), égal à* $0,^m035$, *l'angle adjacent à la base* D A B, *égal à* 62°, *et le côté* D A, *égal à* $0,^m023$. (Fig. 55.)

Sur une ligne indéfinie A B, prenez une longueur égale à $0,^m035$ (en employant le double décimètre) ; au point A, sur la ligne A B, faites un angle égal à 62°

(avec le rapporteur), et portez sur A D une longueur égale à 0,^{m}023. Du point D, avec un rayon A B, décrivez un arc; du point B, avec un rayon A D, décrivez un second arc, qui coupe le premier au point C; menez les lignes C D et C B, et la figure A B C D sera le parallélogramme demandé.

Problème 28.

Construire un losange, connaissant les deux diagonales, A B égal à 0,^{m}045 et C D égal à 0,^{m}03. (Fig. 56.)

Tracez deux lignes X Y et Z U, qui se coupent perpendiculairement au point E; faites A E égal à E B, moitié de la diagonale, dont la longueur est 0,^{m}045. De même prenez E C égal à E D, moitié de la seconde diagonale donnée par la longueur 0,^{m}03; joignez les points A et B aux points C et D, et vous aurez la figure A D B C, qui sera le losange demandé.

Problème 29.

Construire un trapèze, connaissant B E (base inférieure), égal à 0,^{m}05; G F (base supérieure), égal à 0,^{m}03; l'angle B E F, adjacent à la base, égal à 65°, et le côté oblique E F égal à 0,^{m}035. (Fig. 57.)

Portez sur une ligne indéfinie une longueur égale à 0,^{m}05; soit B E cette ligne; au point E faites un angle F E B, égal à 65°; sur le côté de l'angle que vous venez de tracer, prenez E F, égal à 0,^{m}035; par le point F menez une parallèle à B E, égale à 0,^{m}03; joignez le point G au point B, et vous aurez la figure B E F G, qui sera le trapèze demandé.

Problème 30.

Construire un trapèze symétrique, connaissant C E (base inférieure), égal à 0,^{m}06; D F (base supérieure), égal à 0,^{m}046, et H H' (hauteur), égal à 0,^{m}034. (Fig. 58.)

Portez sur une ligne indéfinie une longueur égale à 0,^{m}06 (base inférieure), de A en B; au milieu de la droite A B élevez une perpendiculaire C D, sur laquelle vous porterez 0,^{m}034 (hauteur); par le point D, menez une parallèle à A B, et portez sur cette ligne, à droite et à gauche du point D, 0,^{m}023, moitié de la base supérieure, en E et F; joignez les points A et E, B et F, et vous aurez A B F E, le trapèze demandé.

Définition.

Deux figures sont *équivalentes*, lorsque leurs surfaces sont égales. Ainsi, un carré peut être équivalent à un triangle, un cercle à un carré, un rectangle à un carré.

Problème 31.

Construire un carré équivalent à un rectangle donné AHEF. (Fig. 59.)

Prolongez la base AH du rectangle, et rabattez sur le prolongement AC la hauteur AF de F en C; divisez CH en deux parties égales au point K, et de ce point, comme centre, décrivez sur CH une demi-circonférence; prolongez la hauteur AF jusqu'à la demi-circonférence, vous obtiendrez le point G, et la ligne AG sera le côté du carré cherché (probl. 25, fig. 53).

Problème 32.

Construire sur une ligne donnée KI *un rectangle équivalent à un rectangle donné* EFGH. (Fig. 60.)

Faites un angle MON; sur le côté ON prenez OY et YZ, respectivement égaux à KI et à EF; sur le côté OM prenez OS = EH; joignez SY, et par le point Z menez QZ, parallèle à YS; cette parallèle déterminera le segment SQ, qui sera la hauteur du rectangle cherché (probl. 26, fig. 54).

Exercices.

1. Construire un quadrilatère, connaissant les trois côtés M, N et O, et les deux angles X et Y compris entre ces côtés.

2. Construire un quadrilatère, connaissant les quatre côtés M, N, O et P et un angle X.

3. Construire un quadrilatère, connaissant trois angles X, Y et Z, et les deux côtés M et N, adjacents à ces angles.

4. Construire un trapèze, connaissant les quatre côtés, savoir : AB (base inférieure) égal à $0,^{m}06$; CD (base supérieure) égal à $0,^{m}054$; AC égal à $0,^{m}046$, et BD égal à $0,^{m}038$.

Définitions.

1. On nomme en général *polygone*, l'espace renfermé entre des lignes droites qui se coupent. D'après cela, les triangles et les quadrilatères sont des polygones. Pour bien préciser l'espèce du polygone, on indique le nombre de ses côtés; ainsi on dit :

Polygone de	3	côtés, ou	*triangle;*
—	4	—	*quadrilatère;*
—	5	—	*pentagone;*
—	6	—	*hexagone;*
—	7	—	*heptagone;*
—	8	—	*octogone;*
—	9	—	*ennéagone;*
—	10	—	*décagone;*
—	11	—	*endécagone;*
—	12	—	*dodécagone;*
—	15	—	*pentédécagone.*

Le nombre des conditions nécessaires pour construire un polygone, est égal à deux fois le nombre des côtés du polygone, moins 3. Ainsi, si vous voulez savoir combien il faut de données pour construire un polygone de 13 côtés, doublez 13, et du produit 26 retranchez 3; le reste 23 sera le nombre de ces données. Il est facile de voir que si l'on ne donnait que des angles, le problème serait indéterminé.

2. On nomme *polygone régulier* un polygone qui a tous ses côtés égaux et les angles égaux.

Le polygone régulier de trois côtés se nomme triangle *équilatéral.*

Le polygone régulier de quatre côtés se nomme *carré.*

La somme de tous les angles d'un polygone quelconque s'obtient en multipliant la valeur de deux angles droits, 180°, par le nombre des côtés du polygone moins 2; le produit sera la valeur cherchée. Par exemple, soit donné un hexagone : la valeur de tous ses angles sera donnée par l'expression

$$180° \times (6 - 2) = 180° \times 4 = 720°.$$

Si le polygone est régulier, il suffit, pour obtenir la valeur de chacun des angles, de connaître le nombre des côtés. Ainsi, dans le dodécagone, la valeur d'un angle sera donnée par l'expression

$$\frac{180° \times (12-2)}{12} = \frac{180° \times 10}{12} = 150°;$$

ce qui revient à trouver la somme de tous les angles; divisez cette somme par le nombre des côtés, et le quotient $150°$ exprimera la valeur de l'angle du dodécagone régulier.

A un polygone régulier on peut toujours circonscrire et inscrire une circonférence.

3. On appelle *périmètre*, le contour du polygone; le périmètre est la somme de tous les côtés du polygone.

4. Le polygone est dit *convexe*, lorsque son périmètre ne peut être coupé par une droite X Y en plus de deux points *a* et *b* (fig. 62), quelle que soit la position que prenne cette droite. Le polygone M N O P Q R S (fig. 61) n'est pas un polygone convexe.

Les angles M N O et O P Q se nomment *angles rentrants*, et les autres angles O, Q, R, S et M, *angles saillants*. — Dans les polygones convexes tous les angles sont saillants (fig. 62).

On obtient la valeur d'un angle rentrant M N O, en retranchant de $360°$ la valeur $110°$ de l'angle M N O, plus petit que deux droites; ainsi cet angle rentrant vaut $250°$.

5. Les polygones qui ont les angles rentrants égaux entre eux, ainsi que les angles saillants égaux, sont appelés polygones *étoilés*.

6. Deux points A et B sont *symétriques par rapport à une droite donnée* K K', lorsque cette droite est perpendiculaire sur le milieu de la droite qui joint ces points donnés A et B (fig. 63).

Problème 33.

Le rayon M d'une circonférence étant donné, construire un triangle équilatéral inscrit dans la circonférence. (Fig. 64.)

Décrivez une circonférence avec le rayon M; menez le diamètre A B; du point B, comme centre, et avec le rayon M, décrivez l'arc ECF, qui coupe en E et F la circonférence; menez les lignes A E, A F et E F, et le triangle A E F sera le triangle demandé.

Problème 34.

Dans une circonférence donnée inscrire un carré. (Fig. 65.)

Menez deux diamètres perpendiculaires A B et C D; joignez les extrémités des diamètres, et vous obtiendrez ainsi le carré demandé A B C D.

Problème 35.

Inscrire dans une circonférence donnée un pentagone régulier. (Fig. 66.)

1.° Partagez la circonférence en cinq parties égales; menez des cordes par les points de division, et vous obtiendrez le pentagone régulier.

2.° Pour diviser la circonférence en cinq parties égales, menez le diamètre A B; au point C élevez une perpendiculaire C D au diamètre A B, et du point O, milieu du rayon C B, avec un rayon O D, décrivez l'arc D N E, et portez la corde D E sur la circonférence, vous obtiendrez les sommets G, H, I et K du pentagone cherché.

Problème 36.

Inscrire dans une circonférence donnée un hexagone régulier. (Fig. 67.)

Menez le diamètre A B; des points A et B, comme centre, et avec un rayon égal au rayon du cercle, décrivez deux arcs C M D et E M F; les points C, D, E et F ainsi obtenus, seront les sommets du polygone cherché; tracez les cordes, et vous obtiendrez le polygone A C E B F D.

Problème 37.

Inscrire dans une circonférence donnée un heptagone régulier. (Fig. 68.)

Du point C, comme centre, et avec un rayon C O, décrivez l'arc I O K; menez la corde I K, qui divisera la ligne O C en deux parties égales au point E, et la ligne E I ou E K pourra être portée sept fois sur la circonférence.

Problème 38.

Inscrire dans une circonférence donnée un octogone régulier. (Fig. 69.)

Menez deux diamètres perpendiculaires A B et C D; vous diviserez deux angles droits en deux parties égales, par les bissectrices G O et H O, que vous prolongerez dans les angles opposés, et vous obtiendrez ainsi les points de division 1, 2, 3, 4, 5, 6, 7 et 8.

32

Problème 39.

Inscrire dans une circonférence donnée un ennéagone régulier. (Fig. 70.)

1.º Partagez la circonférence donnée en six parties égales ; supprimez entre trois points consécutifs celui du milieu ; vous obtiendrez le tiers de la circonférence ; divisez chacune de ces nouvelles parties en trois, et vous aurez les neuf points de division.

2.º D'un point quelconque de la circonférence décrivez l'arc M O N, qui passe par le centre O ; tirez la corde M N, que vous diviserez en D en deux parties égales ; des points N et D, avec le rayon N D, décrivez deux arcs qui se coupent en A ; menez la ligne A O, qui coupera la circonférence en un point K, et portez la corde K N neuf fois sur la circonférence.

Problème 40.

Inscrire dans une circonférence donnée un décagone régulier. (Fig. 71.)

1.º D'après le problème 35, partagez la circonférence en cinq parties égales ; divisez chacune des parties obtenues en deux parties égales, et vous obtiendrez les 10 parties cherchées.

2.º Menez deux diamètres perpendiculaires A B et C D ; partagez le rayon O D au point E en deux parties égales ; du point E et avec un rayon E B, décrivez l'arc B N F, et portez O F dix fois sur la circonférence.

Problème 41.

Inscrire dans une circonférence donnée un dodécagone régulier. (Fig. 72).

1.º Divisez la circonférence en six parties égales (probl. 36), puis chacune de ces parties en deux, et vous obtiendrez les douze parties égales.

2.º Tracez deux diamètres perpendiculaires A B et C D ; des points A, C, B et D, comme centres, décrivez des arcs avec un rayon égal au rayon de la circonférence donnée, et vous aurez les points de division 1, 2, 3, 4, 5, 6, 7, 8, 9, 10, 11, 12. En joignant ces points deux à deux, vous obtiendrez le dodécagone.

Nous insérons les côtés des polygones réguliers, dont la construction a été donnée antérieurement dans une seule circonférence (fig. 73).

Tracez deux diamètres perpendiculaires A B et C D; A C sera le côté du carré inscrit; du point B, comme centre, avec un rayon B O, décrivez l'arc G O H; la corde G H sera le côté du triangle équilatéral inscrit, B H le côté de l'hexagone régulier inscrit, G I le côté de l'heptagone régulier inscrit; la corde G K, tiers de l'arc G B H, représentera le côté du nonéagone régulier inscrit. Du point I, comme centre, avec un rayon I C, décrivez l'arc C N L, vous obtiendrez O L pour le côté du décagone régulier inscrit, et la corde C L sera le côté du pentagone régulier inscrit; partagez le quadran D O A en deux parties égales en F; D F sera le côté de l'octogone régulier inscrit; du point D, comme centre, et avec le rayon D O, décrivez l'arc O P, vous aurez A P, côté du dodécagone régulier inscrit, et L P, côté de l'endécagone.

Problème 42.

Inscrire dans une circonférence donnée un pentédécagone régulier. (Fig. 73.)

Divisez la circonférence en six parties égales, puis en dix; retranchez l'arc $\frac{1}{10}$ de l'arc $\frac{1}{6}$, et la différence M H sera $\frac{1}{15}$ de la circonférence.

Problème 43.

Circonscrire une circonférence à un polygone régulier donné. (Fig. 74.)

1.° Lorsque le polygone donné a un nombre de côtés pair, menez par les sommets D et E de deux angles opposés une diagonale; tracez une seconde diagonale par les sommets A et G; les diagonales A G et D E se couperont au point O, qui sera le centre de la circonférence cherchée. Le rayon sera la distance du point O à l'un des sommets du polygone; par exemple O G.

2.° Dans le cas où le polygone a un nombre de côtés impair (fig. 75), menez une ligne B F du sommet B au milieu F du côté opposé E D; de même, conduisez une ligne du point C au point G, milieu de A E; les deux lignes B F et C G se coupent au point O, qui est le centre de la circonférence demandée. Le rayon sera la distance du point O à l'un des sommets du polygone.

Construction des polygones réguliers, la longueur des côtés étant connue.

La méthode généralement employée est basée sur la division de la circonférence en 360°. On détermine l'angle au centre qui correspond au côté du polygone cherché, et on obtient immédiatement le rayon de la circonférence circonscrite au polygone. On divise cette circonférence en autant de parties égales qu'il est nécessaire, d'après les constructions indiquées plus haut.

L'angle au centre correspondant au côté du triangle équilatéral, est de 120°; celui du carré est de 90°; du pentagone, 72°; de l'hexagone, 60°, etc.

On voit d'après cela, que pour résoudre ces questions, il faut chaqne fois chercher le rayon de la circonférence circonscrite au polygone régulier.

Problème 44.

Connaissant le côté A B *d'un triangle équilatéral, trouver le rayon de la circonférence circonscrite à ce polygone.* (Fig. 76.)

Le triangle a les trois côtés égaux; menez du sommet D la perpendiculaire D F sur A B; partagez D F en trois parties égales; le premier point de division C, à partir de la base A B, sera le centre, et C D le rayon de la circonférence circonscrite.

Problème 45.

Connaissant le côté A B *d'un carré, trouver le centre et le rayon de la circonférence circonscrite.* (Fig. 77.)

Au point D, milieu de A B, élevez une perpendiculaire D N; portez sur D N du point D la moitié de A B jusqu'en C; le point C sera le centre, et C A le rayon de la circonférence circonscrite au carré.

Problème 46.

Connaissant le côté A B *d'un pentagone régulier, trouver le centre et le rayon de la circonférence circonscrite.* (Fig 78.)

Le côté A B est opposé à l'angle au centre de 72°; faites l'angle M C N de 72°; divisez-le en deux parties égales par la bissectrice C O; menez deux parallèles, distantes de D O de la moitié de A B; les parallèles couperont les côtés de l'angle

MCN en des points A et B, qui détermineront les rayons CA et CB de la circonférence circonscrite au pentagone régulier.

PROBLÈME 47.

Connaissant le côté AB d'un hexagone régulier, trouver le centre et le rayon de la circonférence circonscrite. (Fig. 79.)

Sur la ligne donnée AB, décrivez un triangle équilatéral ABC; le sommet C est le centre, et les côtés AC et BC sont les rayons de la circonférence circonscrite à l'hexagone régulier.

PROBLÈME 48.

Construire un octogone régulier sur la ligne donnée AB. (Fig. 80.)

Sur le milieu E de la droite donnée AB, élevez une perpendiculaire; rabattez le point A en D autour du point E, et le point A en C autour du point D; vous aurez le point C pour centre, et CB pour rayon de la circonférence circonscrite.

PROBLÈME 49.

Construire un ennéagone régulier sur la ligne donnée AB. (Fig. 81.)

Sur le milieu D de la ligne AB, élevez une perpendiculaire DM; du point A, comme centre, et avec un rayon égal à AB, décrivez l'arc BF, et portez à partir de F sur FM la moitié de AB jusqu'en C; le point C sera le centre et CA le rayon de la circonférence circonscrite à l'ennéagone demandé.

PROBLÈME 50.

Construire un polygone étoilé, connaissant le nombre d'angles saillants. (Fig. 82.)

Décrivez deux circonférences, ayant même centre et des rayons différents[1]. Divisez la plus grande en autant de parties égales que le polygone doit avoir d'angles saillants, par exemple en six parties; menez des rayons qui coupent la plus petite circonférence en des points 1′, 2′, 3′, 4′, 5′ et 6′; divisez les arcs 1′.2′, 2′.3′, 3′.4′, etc., en deux parties égales aux points *a, b, c, d, e* et *f,* et joignez les derniers points avec les points 1, 2, 3, 4, 5, 6, vous aurez le polygone étoilé.

---

1. Ces circonférences sont nommées *concentriques.*

Problème 51.

Construire un hexagone symétrique, connaissant la longueur des deux axes de symétrie et la distance 0,^{m}008 des sommets à la diagonale menée perpendiculairement au grand axe. (Fig. 83.)

Tracez perpendiculairement les axes de la grandeur donnée, Soient A B et CD les axes; des points A et B, portez vers le petit axe les cotes 0,^{m}008 aux points *m* et *m'*, élevez des perpendiculaires KR et K'R' égales au petit axe, et fermez le polygone.

Définitions.

1. Dans deux polygones qui ont les angles égaux chacun à chacun, et disposés dans le même ordre, les angles égaux sont nommés *angles homologues*, et les côtés qui assemblent les côtés de ces angles se nomment *côtés homologues*. Cela posé, deux polygones sont *semblables* lorsqu'ils ont les angles égaux chacun à chacun et les côtés homologues proportionnels.

2. On appelle côtés *correspondants* ou *homologues* ceux qui sont opposés à des angles égaux.

Par exemple : les deux triangles A B C et *a b c* (fig. 84) sont semblables; car l'angle A est égal à l'angle *a*, l'angle B est égal à l'angle *b*, et l'angle C égal à l'angle *c*. En même temps le rapport du côté A B au côté *a b* est égal à celui du côté B C au côté *b c*, et égal aussi à celui du côté C A au côté *c a*.

3. On appelle *périmètre* le contour d'une figure plane.

Les périmètres de deux polygones semblables sont entre eux comme les côtés homologues de ces deux polygones; ainsi, si le côté *a b* est le quart du côté A B, le périmètre du triangle *a b c* sera le quart du périmètre du triangle A B C.

Les surfaces de deux polygones semblables sont entre elles comme celles des carrés construits sur deux côtés homologues dans ces polygones. Ainsi, nous pouvons dire que la surface du triangle A B C est à la surface du triangle *a b c*, comme la surface carrée qui aurait pour côté A B est à la surface du carré construit sur le côté *a b*.

Deux polygones semblables peuvent être décomposés en un même nombre de triangles semblables et semblablement disposés. Nous pouvons décomposer les deux polygones semblables A B C D E et *a b c d e* (fig. 85) en trois triangles semblables chacun à chacun; savoir : A B C semblable à *a b c*, A C D semblable à *a c d*, et A D E semblable à *a d e*.

Problème 52.

Sur une ligne donnée a b, *homologue au côté* A B *du triangle* A B C, *construire un triangle semblable.* (Fig. 86.)

1.º Aux points *a* et *b* de la ligne *ab*, faites des angles égaux chacun à chacun aux angles A et B du triangle donné, et vous aurez le triangle demandé *abc*.

2.º Au point *a* de la ligne *ab*, faites un angle égal à l'angle A; portez sur le côté de cet angle la quatrième proportionnelle à A B, *ab* et A C.

3.º Sur *ab*, construisez un triangle *abc*, avec la ligne *ac*, qui est la quatrième proportionnelle à A B, *ab* et A C, et la ligne *bc*, qui est la quatrième proportionnelle à A B, *ab* et B C.

Problème 53.

Construire un polygone semblable au polygone A B C D E F *sur une ligne donnée* a b, *homologue au côté* A B *du polygone donné.* (Fig 87.)

Par le point F menez les diagonales F B, F C et F D; sur la ligne *ab* faites un triangle *abf* semblable et semblablement disposé au triangle A B F (probl. 52); sur *bf* faites un triangle *bfc*, semblable au triangle B F C; sur *fc* un triangle *fcd*, semblable à F C D, et enfin sur *fd* un triangle *fde*, semblable au triangle F D E; le polygone *abcdef* sera le polygone cherché.

Problème 54.

Construire un polygone semblable aux deux polygones donnés A B C D E, a b c d e, *et qui soit équivalent à leur somme ou à leur différence.* (Fig. 88.)

1.º Tracez un angle droit M, et portez sur les côtés et à partir du sommet M les longueurs A B et *ab*; achevez le triangle rectangle sur ces deux dimensions, et l'hypothénuse N O sera le côté homologue à A B. — Tracez une ligne *a′ b′*, égale à N O, et sur cette ligne construisez un polygone semblable aux polygones donnés (probl. 53), et vous obtiendrez le polygone cherché *a′ b′ c′ d′ e′*, qui sera équivalent à leur somme.

2.º Pour trouver un polygone semblable aux polygones donnés et qui soit équivalent à leur différence, tracez un angle droit M N O (fig. 89); de N sur le côté M N portez le côté *ab*, et du point M′, comme centre, décrivez un arc avec un rayon égal à A B, qui coupe le côté N O au point O′, et M′ O′ sera le côté homologue aux côtés A B et *a b* dans le polygone cherché. Il suffit, pour trouver le polygone, de construire sur une ligne *a″ b″*, égale à M′ O′, un polygone semblable aux polygones donnés.

Exercices.

1. Connaissant un polygone, construire un polygone semblable qui soit les $\frac{4}{5}$ du polygone donné.

2. Construire un polygone semblable à un polygone donné et qui ait une surface donnée.

3. Construire un octogone régulier équivalent à un hexagone.

Questions sur les lignes courbes, les tangentes et le raccordement des arcs.

PROBLÈME 55.

Trouver le centre et le rayon d'une circonférence donnée. (Fig. 90.)

1.° Prenez sur la circonférence donnée trois points quelconques A, B et C; menez les cordes A B et B C; sur le milieu de ces cordes, élevez des perpendiculaires, et le point d'intersection O sera le centre de la circonférence donnée.

2.° Lorsque la construction ne peut se faire en dehors de la circonférence, menez la corde A B (fig. 91); à partir des points A et B prenez A C, égal à B D; sur le milieu de C D élevez une perpendiculaire G F, que vous diviserez en deux parties égales au point O, qui sera le centre de la circonférence donnée.

PROBLÈME 56.

Par trois points donnés A, B *et* C *faire passer une circonférence.* (Fig. 92.)

Cherchez le lieu de tous les points également distants de deux points donnés A et B, ainsi que le lieu de tous les points également distants de deux points B et C (probl. 1); l'intersection O de ces deux lignes sera le centre de l'arc ou de la circonférence, qui doit passer par les trois points donnés A, B et C.

Cette solution peut aussi être employée, lorsqu'il s'agit de circonscrire une circonférence à un triangle donné A B C (fig. 93).

Problème 57.

Par un point C, pris sur une circonférence donnée dont le centre est en O, mener une tangente à cette circonférence. (Fig. 94.)

Menez le rayon OC; au point C sur OC élevez une perpendiculaire TT′, qui sera la tangente demandée.

Quand le centre du cercle ou d'une portion du cercle est inconnu, comme par exemple figure 95, prenez sur l'arc, à partir du point C, deux parties égales AC et CB; menez la corde AB, et par le point donné C menez une parallèle à AB; TT′ sera la tangente demandée.

Problème 58.

Par un point O, pris hors d'un cercle donné dont le centre est en C, mener une tangente à ce cercle. (Fig. 96.)

1. Menez la ligne CO; sur cette ligne, comme diamètre, décrivez une circonférence qui coupera la circonférence donnée en deux points p et q, qui seront les points de contact; les lignes OT et OT′ seront les tangentes cherchées.

2. Du point O (fig. 97), comme centre, et avec le rayon OC décrivez une circonférence; du point C, comme centre, et avec un rayon double de celui de la circonférence donnée, décrivez une circonférence qui coupe la première aux points I et I′; menez les lignes CI et CI′, qui coupent la circonférence donnée aux points K et K′, points de contact, et les lignes OT et OT′ sont les tangentes demandées.

Problème 59.

Mener des tangentes à deux cercles donnés. (Fig. 98.)

1. Menez la ligne des centres CC′ et les rayons CD et C′D′ parallèles entre eux; conduisez DD′ jusqu'à la rencontre de CC′ en un point E. Du point E menez des tangentes à la circonférence dont le centre est C′ (probl. 58); elles seront aussi tangentes à la circonférence dont le centre est en C; ET et ET′ sont les tangentes demandées.

Prolongez D′C′ jusqu'en F′; joignez le point F′ au point D; l'intersection G des deux lignes CC′ et DF′ sera le point par où l'on peut mener les deux autres tangentes MN et M′N′.

2. Menez la ligne des centres C C′ (fig. 99); sur le rayon C D et à partir du point D, portez le rayon C′ E′ jusqu'en F; du point C, comme centre, et avec le rayon C F, égal à la différence des rayons des circonférences données, décrivez une circonférence, à laquelle vous mènerez du point C′ les tangentes C′ K et C′ I; sur ces dernières menez les perpendiculaires C′ E′ et C E; vous aurez les points de contact E et E′, et les tangentes seront les lignes T T′.

3. Du point C (fig. 100), comme centre, et avec un rayon C D, égal à la somme de deux rayons des circonférences données, décrivez une circonférence. Du point C′ menez les tangentes C′ K et C′ K′ à la circonférence, dont le rayon est C D. Joignez le point C aux points K et K′, et vous obtiendrez les points I et I′, qui seront les points de contact; en menant par I et I′ des parallèles à C′ K et C′ K′, vous obtiendrez les tangentes demandées I T et I′ T′.

Pour trouver les deux tangentes extérieures, décrivez une circonférence; du point C, comme centre, et avec un rayon C D′, égal à la différence de deux rayons des circonférences données, menez les tangentes C′ L et C′ L′, et par les points L et L′ menez les lignes C L et C L′, qui coupent la circonférence donnée en G et G′, qui sont les points de contact. Par les points G et G′ tracez des parallèles à C′ L et C′ L′, et vous aurez les tangentes demandées G H et G′ H′.

Problème 60.

Entre deux lignes non parallèles A B *et* C D (fig. 101) *inscrire des circonférences qui se touchent.*

Le lieu des centres des circonférences cherchées est la bissectrice de l'angle de deux lignes données A B et C D. Cherchez la bissectrice M N. Supposons que le point de contact des deux circonférences doit être en O : menez O I perpendiculaire à M N; rabattez I O sur I K, au point K sur A B élevez une perpendiculaire K P; le point P sera le centre de la première circonférence, et le rayon sera P K.

En appliquant la même construction, vous inscrirez une seconde circonférence, et ainsi de suite.

Problème 61.

Inscrire dans un triangle A B C *une circonférence.* (Fig. 102.)

Cherchez les bissectrices des deux angles A et C; leur point d'intersection O sera le centre de la circonférence demandée, et le rayon sera la perpendiculaire O D sur le côté A C.

En prolongeant les côtés du triangle, vous obtiendrez trois autres circonférences, qui seront tangentes aux lignes A B, A C et B C (fig. 103).

Problème 62.

Mener une circonférence qui touche une ligne donnée A B en un point D, et qui passe par un point donné E. (Fig. 104.)

Au point D sur la ligne A B élevez une perpendiculaire D F; sur le milieu de D E élevez une perpendiculaire G H, qui coupe la première D F au point O, et le point O sera le centre du cercle cherché; la ligne O D en sera le rayon.

Problème 63..

Mener une circonférence qui passe par deux points donnés M et N, et qui soit tangente à une droite donnée X Y. (Fig. 105 et 106.)

Menez la ligne M N jusqu'à la rencontre de X Y au point A; cherchez une moyenne proportionnelle entre les lignes A N et A M (probl. 14); soit Z S (fig. 106), cette moyenne proportionnelle; portez-la à partir du point A sur la ligne X Y, et vous aurez les deux points T et T′; en ces points élevez les perpendiculaires T I et T′ I′ à X Y, jusqu'à la rencontre de la perpendiculaire R V, élevée sur le milieu de M N; les points de rencontre C et C′ sont les centres, C T et C′ T′ sont les rayons de deux circonférences qui satisfont aux conditions du problème.

Problème 64.

Mener une circonférence qui passe par un point donné Q, situé entre deux droites M O et O P, et qui soit tangente à ces deux droites. (Fig. 107.)

Cherchez la bissectrice de l'angle M O P; d'un point A, comme centre, pris sur cette bissectrice, décrivez avec le rayon A B une circonférence tangente au côté de l'angle M O P; menez la ligne O Q, elle coupera la circonférence dont le centre est en A au point D; menez le rayon A D, et par le point donné Q tracez une parallèle à A D; cette parallèle rencontrera la bissectrice au point C, qui sera le centre de la circonférence demandée; le rayon sera la ligne C B′ perpendiculaire à O P.

Si vous menez par le point Q une parallèle à A D′, vous obtiendrez le centre C′ d'une seconde circonférence, qui satisfera aux conditions du problème.

Problème 65.

Décrire une circonférence qui touche une autre circonférence en un point donné A *et qui passe par un autre point donné* B. (Fig. 108, 109 et 110.)

Menez le rayon CA, que vous prolongerez indéfiniment; joignez le point de contact donné A au point B; sur le milieu de AB élevez une perpendiculaire EF, qui coupera la ligne CAX au point C'; du point C', comme centre, et avec un rayon égal à AC' décrivez une circonférence, qui sera la circonférence demandée.

Lorsque l'angle CAB est droit, le problème est impossible.

Lorsque l'angle CAB est obtus, la circonférence cherchée touchera extérieurement la circonférence donnée (fig. 108).

Lorsque l'angle CAB est aigu, les circonférences se toucheront intérieurement (fig. 109 et 110).

Problème 66.

Décrire une circonférence qui touche une droite donnée MN *en un point* A, *et qui soit tangente à une circonférence donnée* CO. (Fig. 111.)

Sur la ligne MN, au point A, élevez une perpendiculaire AD; portez sur la ligne AD de part et d'autre, du point A, le rayon de la circonférence donnée jusqu'en E et E'; menez les lignes EC et E'C; sur le milieu de ces lignes élevez des perpendiculaires FG et F'G' jusqu'à la rencontre de AD aux points C' et C''; des points C' et C'', comme centres, décrivez des circonférences avec les rayons C'A et C''A, et vous aurez les circonférences demandées.

Problème 67.

Décrire une circonférence qui touche une autre circonférence donnée CO *en un point* A, *et qui soit tangente à une droite donnée* MN. (Fig. 112.)

Par le centre C et le point de contact A menez une ligne indéfinie BD; au point A tracez une tangente EF à la circonférence donnée, et prolongez-la jusqu'en E, point d'intersection avec la droite donnée MN; cherchez les bissectrices des deux angles NEF et MEF; les points d'intersection C' et C'' seront les centres, et C'A et C''A seront les rayons des circonférences cherchées.

Problème 68.

Décrire une circonférence dont le centre est en C, et qui se raccorde avec une circonférence donnée OM. (Fig. 113.)

1.º Menez la ligne des centres OC; cette ligne coupera en un point D la circonférence donnée; du point C, comme centre, et avec le rayon CD décrivez une circonférence, et l'arc DNK sera le raccordement cherché.

2.º Si le point C était situé dans la circonférence OM (fig. 114), la construction serait facile à suivre sur la figure, et l'on aurait le raccordement intérieur DNK.

Problème 69.

Raccorder deux lignes droites AB *et* CD, *non parallèles, par une circonférence,*
(Fig. 115.)

Cherchez la bissectrice de l'angle des deux droites AB et CD; au point E, sur la bissectrice, élevez une perpendiculaire FF′, et cherchez les bissectrices des angles ABD et CDB; ces bissectrices se couperont en un point O, qui sera le centre de raccordement; le rayon de l'arc sera la perpendiculaire OM, abaissée du point O sur la ligne AB ou DC.

Problème 70.

Raccorder un arc CDE *et une ligne droite* AB *par un arc dont le rayon est* MN.
(Fig. 116.)

Soit O le centre de la courbe donnée; décrivez un arc parallèle à l'arc CDE, et qui en soit éloigné d'une quantité MN. Menez à la même distance une ligne parallèle à AB; l'arc FKG rencontrera la parallèle A′B′ au point O′, qui sera le centre du raccordement. En abaissant du point O′ une perpendiculaire sur AB, le point d'intersection R sera un point de raccordement, et en menant le rayon RO′, le point d'intersection R′ sera le deuxième point.

Problème 71.

L'arc OPQ *et une ligne droite* MN *étant donnés, raccorder cette ligne avec l'arc au moyen d'un autre arc; on suppose que le point de raccordement sur l'arc donné est en* C. (Fig. 117.)

Menez le rayon VC; au point C, tracez une tangente à l'arc OPQ; prolongez

M N jusqu'en A; divisez l'angle O A N en deux parties égales, le point d'intersection B, de la bissectrice avec le rayon C V, sera le centre de l'arc du raccordement; abaissez une perpendiculaire du point B sur la ligne M N, et le point D sera le second point du raccordement.

Problème 72.

Raccorder deux droites parallèles AB *et* CD *par deux arcs, l'un tangent au point* B, *l'autre tangent au point* C. *(Fig. 118.).*

1.° Tracez la ligne CB; partagez cette ligne au point E en deux parties égales, et chacune de ces parties en deux autres parties égales, aux points F et G. Aux points F et G, élevez des perpendiculaires à la ligne C B, jusqu'à la rencontre des perpendiculaires élevées sur les parallèles données, aux points B et C; les points O et O' seront les centres des arcs cherchés.

2.° Aux points G et F (fig. 119), milieu de DE et AE, élevez des perpendiculaires sur A D, jusqu'à la rencontre des parallèles en O et O'; les points O et O' seront les centres des arcs cherchés.

Ces courbes sont souvent employées dans les dessins d'architecture; la première se nomme *doucine,* la seconde *talon.* Nous aurons encore l'occasion d'en parler plus tard dans un chapitre spécial, où nous nous occuperons avec plus de développement des diverses figures employées en architecture.

Problème 73.

Tracer une suite d'arcs de circonférence, formant une courbe continue. (Fig. 120.)

Le centre du premier arc A B étant connu, du point C', pris sur le prolongement du rayon B C, décrivez le second arc B D, que vous terminerez au point D. Tracez la ligne D C', et du point C'', comme centre, décrivez l'arc DE; menez la ligne E C'', et du point C''', comme centre, tracez l'arc EF. Vous pourrez continuer la courbe en prenant les centres de nouveaux arcs.

Problème 74.

Tracer une courbe nommée scotie *entre les parallèles* MN *et* OP, *qui les touche aux points* M *et* P. *(Fig. 121.)*

Des points M et N et d'un troisième point O, pris à volonté, élevez sur ces parallèles les perpendiculaires MA, PQ et NO; divisez cette dernière en trois parties égales; par le premier point de division 1, menez une parallèle 1B à MN, et de son intersection A avec AM, décrivez le quart de circonférence MR. Portez de A en B le tiers de AR, et du point B, comme centre, avec un rayon égal à BR, tracez l'arc indéfini RS, sur lequel vous prendrez une partie égale à la moitié de MR; prenez BS, et portez le quart de cette ligne de B en C; du point C, comme centre, tracez l'arc ST; prenez enfin PD, égal à CT; joignez le point D au point C; sur le milieu de la ligne DC, élevez une perpendiculaire VQ, l'intersection Q avec PQ donnera le centre de l'arc TP, qui terminera la courbe demandée.

On peut construire une courbe analogue à la précédente de la manière suivante : Soient AB et DC (fig. 122) les deux parallèles données, la courbe cherchée devant être tangente en A et en C. Décrivez une demi-circonférence sur la ligne AC, qui joint les points de contact; sur AC élevez les perpendiculaires *ab*, *cd*, *ef*, *gh*, *ik*, *lm*; par les points *a*, *c*, *e*, *g*, *i*, *l*, menez des parallèles aux droites AB et CD; prenez *ab'* égal à *ab*, *cd'* égal à *cd*, etc., et vous aurez tous les points *b'*, *d'*, *f'*, *h'*, etc, par lesquels vous ferez passer la courbe demandée.

Problème 75.

Tracer une courbe à trois centres (nommée anse de panier), connaissant la base
égale à 0,^m60, la hauteur égale à 0,^m20, et les arcs aboutissant à la base
égaux à 60°. (Fig. 123.)

Sur une ligne indéfinie XY, portez 0,^{m}60; sur le milieu C de cette ligne élevez une perpendiculaire à AB, égale à 0,^{m}20 (hauteur donnée). Au point C, sur la ligne AC, faites un angle égal à 60°; prenez A'C, égal à AC, et CD', égal à CD. Menez les droites AA' et DD'; prolongez la ligne DD' jusqu'à la rencontre de AA' au point S, qui sera le point de raccordement. Par le point S, menez une parallèle à A'C, et prolongez-la jusqu'à ce qu'elle coupe AC au point I, et DZ au point I'; rabattez CI sur CB au point I'', et les points I, I' et I'' seront les centres des arcs demandés.

Pour que le problème soit possible, il faut que le point D' se trouve au-dessus de la ligne qui joint le point A au point D.

En général, le problème n'est possible que quand l'angle DAC est plus grand que 15°: lorsque l'angle DAC est plus petit que 15°, il faut donner à l'arc AS plus de 60°.

Problème 76.

Tracer un arc rampant. (Fig. 124.)

Deux droites parallèles AB et CD étant données, les extrémités A et C sont telles que la ligne AC, qui les unit, n'est point perpendiculaire à AB. Il s'agit de tracer deux arcs qui se raccordent au-dessus de la ligne AC, et dont le premier se raccorde au point A avec la ligne AB, et le second au point C avec la ligne CD.

Par le point E, milieu de AC, menez XY parallèle à AB; prenez EF égale à EC; du point F, abaissez une perpendiculaire FZ sur AC; par les points A et C, menez des perpendiculaires aux droites AB et CD; ces perpendiculaires rencontreront la ligne FZ aux points O et O′, qui seront les centres des arcs cherchés; les rayons de ces arcs seront OA et O′C.

Problème 77.

Tracer une spirale en raccordant des demi-circonférences. (Fig. 125.)

1.º Du point donné C, comme centre, décrivez une demi-circonférence ANB; du point A, comme centre, et avec le rayon AB, une demi-circonférence BOD; du point B, comme centre, et avec le rayon BD, une demi-circonférence DPE; du point A, comme centre, et avec le rayon AE, une demi-circonférence EQF; du point B, comme centre, et avec le rayon BF, une demi-circonférence FRG; continuez ainsi, et vous obtiendrez la courbe demandée.

2.º Pour avoir des courbes de raccordement plus rapprochées (fig. 126), du point C, comme centre, et avec le rayon AC, décrivez une demi-circonférence ANB; du point B, comme centre, et avec le rayon AB, décrivez une demi-circonférence AOE; du point C, comme centre, et avec le rayon CE, une demi-circonférence EPD; du point B, comme centre, et avec le rayon BD, une demi-circonférence DQF; du point C, comme centre, et CF pour rayon, une demi-circonférence FRG; du point B, comme centre, et BG pour rayon, une demi-circonférence GSH; du point C, comme centre, et CH pour rayon, une demi-circonférence HTI; ainsi de suite pour les autres.

3.º Lorsque les courbes de raccordement doivent s'écarter de plus en plus, vous pouvez appliquer la construction suivante : Décrivez du point C, comme centre, avec un petit rayon, une circonférence; divisez le diamètre AB en six parties égales (fig. 127), aux points 1, 2, 3, 4, 5 et 6. Du point 1, comme centre, et avec le rayon 1.6, décrivez la demi-circonférence A N D; du point 2, comme centre, et avec le rayon 2.D, une demi-circonférence D M E; du point 3, comme centre, et avec le rayon 3.E, une demi-circonférence E O F; du point 4, comme centre, et avec le rayon 4.F, une demi-circonférence F P G; du point 5, comme centre, avec le rayon 5.G, une demi-circonférence G Q H; du point 6, comme centre, avec le rayon 6.H, une demi-circonférence H R I.

Problème 78.

Construire un ovale. (Fig. 128.)

On nomme ovale, une courbe fermée et symétrique. Pour construire cette courbe, il faut connaître le grand axe AB, qui divise la figure en deux parties égales.

Divisez l'axe AB en trois parties égales aux points 1, 2 et 3; des points 1 et 2, comme centres, décrivez deux circonférences avec le rayon 1.A; ces circonférences se coupent aux points M et N; par ces derniers et les points 1 et 2, menez les lignes ME, MF, NG et NH, qui coupent les deux circonférences aux points E, F, G et H, qui seront les points de raccordement. Des points N et M, comme centres, et avec le rayon NG, décrivez les arcs GOH et EO'F; des points 1 et 2, comme centres, et avec le rayon 1.A, décrivez les arcs EAG et FBH, et vous aurez l'ovale demandé.

Problème 79.

Connaissant le grand et le petit axe, construire l'ovale. (Fig. 129.)

1.° Soit AB le grand axe et CD le petit axe, qui se coupent perpendiculairement; prolongez le petit axe CD, et du point M, comme centre, et avec le rayon AM, décrivez l'arc AXE jusqu'à la rencontre du petit axe prolongé; divisez CE en trois parties égales, et portez une de ces parties de C en F; des points A et B, décrivez avec le rayon MF, les arcs LGK et NHI; des points G et H, décrivez les arcs LAK et NBI, avec le même rayon; du point I, comme centre, et avec le rayon IK, décrivez l'arc KO, qui coupe le petit axe prolongé au point O, qui sera le centre de la courbe KCI; rabattez MO en MO', et vous obtiendrez le point O', centre de la courbe LDN.

48

2.º Menez la ligne AC (fig. 130); rabattez la ligne MC sur AM, et AE sera la différence entre la moitié du grand axe et la moitié du petit axe; portez cette différence de C en F, et sur le milieu de AF élevez une perpendiculaire, qui rencontrera le prolongement du petit axe au point O, et le grand axe au point G; rabattez le point G en G′ et O en O′; décrivez avec OC et O′D, des points O et O′ comme centres, les courbes HCK et NDL; des points G et G′, comme centres, avec le rayon AG, décrivez les courbes NAH et LBK, et vous aurez l'ovale demandé.

Problème 80.

Construire une ellipse connaissant ses deux axes. (Fig. 131.)

L'ellipse est une courbe fermée, telle que si l'on mène d'un point quelconque O de cette courbe deux droites OF et OF′, dirigées sur deux point fixes F et F′, la somme de ces deux lignes sera constante et toujours égale au grand axe AB. Les droites OF et OF′ se nomment *rayons vecteurs,* et les points F et F′ *foyers.*

Cette courbe est symétrique par rapport aux deux axes AB, DE, qui se coupent perpendiculairement en deux parties égales.

On peut tracer l'ellipse en se donnant les deux axes ou les foyers avec la longueur du grand axe.

Soit AB le grand axe. Sur le milieu C, élevez une perpendiculaire, sur laquelle vous porterez les longueurs CE et CD, égales chacune à la moitié du petit axe donné. Des points D et E, comme centres, avec un rayon égal à la moitié du grand axe, décrivez des arcs qui coupent le grand axe en F et F′, qui seront les foyers de la courbe.

Prenez une portion B*a* sur l'axe AB; des points F et F′, comme centres, décrivez des arcs MN et M′N′; de ces mêmes points, avec un rayon égal à l'autre partie A*a*, décrivez d'autres arcs, qui coupent les premiers en 1., 2., 3 et 4; ces points seront les quatre points de l'ellipse. En continuant ainsi, c'est-à-dire en prenant pour rayons d'autres parties B*b*, A*b*, etc., du grand axe, vous obtiendrez de nouveau points 5, 6, 7, 8, 9, 10, 11, 12, par lesquels vous ferez passer la courbe demandée.

2.º Les deux axes AB et CD (fig. 132) étant tracés, prenez une bande de papier coupée en ligne droite; marquez un point *n* sur l'arête de cette bande; portez, à partir de ce point, une longueur égale à la moitié du grand axe de *n* en q, puis une longueur égale à la moitié du petit axe de n en p; de cette manière qp sera la différence des demi-axes. — Placez cette bande de manière que le point p soit toujours sur le grand axe et le point q sur le petit; le point n donnera chaque fois un point de l'ellipse. Ayant ainsi obtenu les divers points de la courbe, ne pouvant tracer cette courbe avec un instrument, vous aurez soin de l'exécuter à main libre avec toute l'exactitude nécessaire, afin de ne point l'altérer.

3.º La construction de l'ellipse du jardinier est basée sur le même principe (fig. 133).

Prenez un cordon de la longueur du grand axe; après avoir tracé perpendiculairement sur le terrain les deux axes, déterminez les foyers F et F'; en ces points fixez les extrémités du cordon avec deux piquets; avec une pointe de fer ou de bois O, faites le tour nécessaire, en ayant soin de tendre également le cordon pendant toute la durée de l'opération. Vous obtiendrez ainsi sur le terrain une trace représentant exactement l'ellipse.

Ce moyen peut être aussi employé sur le papier, en prenant les précautions ci-dessus mentionnées. Deux aiguilles remplaceront les piquets F et F', et le crayon ou le tire-ligne la pointe en fer O.

4.º On peut aussi construire l'ellipse sans le secours des foyers.

Décrivez sur les deux axes AB et CD, comme diamètres (fig. 134), deux circonférences; divisez en autant de parties égales, que vous le jugerez nécessaire, la circonférence dont AB est le diamètre, aux points 1, 2, 3, etc. Menez les rayons 1.M, 2.M, 3.M, etc.; ils couperont la circonférence décrite sur le petit axe en des points 1', 2', 3', etc. Par les points 1, 2, 3, etc. menez des parallèles au petit axe, et par les points 1', 2', 3', etc. des parallèles au grand axe; les points d'intersection de ces lignes a, b, c, d, etc. appartiendront à l'ellipse.

PROBLÈME 81.

Par un point T, *donné sur l'ellipse, mener une tangente à cette courbe.* (Fig. 135.)

Menez les rayons vecteurs FT et F'T; prolongez l'un de ces rayons en dehors de l'ellipse, puis cherchez la bissectrice TN de l'angle MTF'; cette bissectrice sera la tangente demandée.

Problème 82.

Par un point T, pris hors de la courbe, mener une tangente à l'ellipse. (Fig. 136).

Du point T comme centre, avec un rayon égal à sa distance au foyer le plus voisin F', tracez une portion de circonférence KEL. De l'autre foyer F, avec un rayon égal au grand axe, décrivez l'arc IK', qui coupera le premier au point E; joignez le point E à F par une droite; l'intersection M avec la courbe sera le point de contact de la tangente TN. — L'arc IK peut couper l'arc KEL en un second point E', que vous joindrez au point F, et son intersection M' avec la courbe sera le second point de contact.

Problème 83.

Par un point O, pris hors de l'ellipse, mener une normale. (Fig. 137.)

Soit AB le grand axe, CM le petit axe, F et F' les foyers; menez les lignes OF et OF', elles couperont l'ellipse aux points G et H; joignez le point H au point F et le point G au point F'; ces lignes se couperont au point I. Menez la ligne OI, qui sera la normale demandée.

Problème 84.

Construire une parabole au moyen de son foyer F et sa directrice MN. (Fig. 138).

On entend par *parabole* une courbe dont tous les points sont autant éloignés d'une droite donnée, nommée *directrice,* que d'un point fixe donné qu'on appelle *foyer.*

Abaissez du foyer F la perpendiculaire AB sur la droite MN; la ligne AB sera l'axe de la courbe, et le milieu S de AF sera le sommet. Menez une suite de lignes F.1, F.2, F.3, etc. Par les points 1, 2, 3, etc. menez des parallèles à l'axe de la courbe, jusqu'à la rencontre des perpendiculaires élevées sur le milieu des droites F1, F2, F3, etc. Ces dernières couperont les parallèles aux points 1', 2', 3', etc., appartenant à la courbe demandée.

51

Problème 85.

Par un point T, *pris sur la parabole, mener une tangente.* (Fig. 139.)

Menez du point T au foyer F une ligne; du point T abaissez une perpendiculaire T K sur la directrice; cherchez la bissectrice R S de l'angle K T F, elle sera la tangente demandée.

Problème 86.

Par un point T', *pris en dehors de la parabole, mener une tangente.* (Fig. 139.)

Du point T comme centre, avec un rayon égal à T'F, décrivez une circonférence qui coupe la directrice en des points E et D; par ces points menez des parallèles à l'axe de la courbe; les points d'intersection S' et S'' seront les points de contact des deux tangentes T V et T' V' à la parabole.

Remarque. Les courbes, telles que l'ellipse et la parabole, résultent : la 1.re de la section d'un cylindre par un plan quelconque, la 2.e de la section faite dans le cône droit par un plan parallèle à l'une de ses génératrices. — Nous aurons l'occasion de revenir sur ces deux espèces de courbes dans la troisième partie.

Instrument pour le tracé des ellipses et des paraboles.

Le compas d'ellipse est fondé sur le principe (probl. 80, n.º 2, fig. 132); il trace la courbe d'un mouvement continu.

Il est composé de deux règles à coulisse A B et C D (fig. 140), et d'une troisième règle portant deux curseurs K et M; l'extrémité H et le curseur K ont une patte à pivot qui s'engage dans les coulisses. Le curseur M porte une pointe à tracer. On prend H M égal au demi grand axe et K M égal au petit demi-axe; on serre les vis de pression pour fixer les curseurs à la règle, et en faisant glisser K et H dans les coulisses, la partie M trace l'ellipse.

Si les axes de la courbe sont tracés d'avance, il faut d'abord placer les coulisses de manière que le milieu de leurs extrémités se confonde avec les axes.

Cet instrument n'a de justesse qu'autant que les pattes ne jouent point dans les coulisses, et que ces dernières sont rigoureusement droites et d'équerre.

Des divers instruments employés jusqu'à ce jour pour le tracé des ellipses, les uns sont trop compliqués, les autres n'offrent point dans la pratique les avantages qu'on doit en retirer.

Nous allons donner la description exacte d'un nouvel instrument fort simple, qui, nous l'espérons, remplira toutes les conditions exigées.

Cet instrument se compose de deux poulies PPP et ppp (fig. 141), mobiles autour de leurs axes A et O. Ces deux poulies sont, dans la direction des axes, munies d'une règle à rainure r; sous la poulie ppp est fixée une seconde règle r', aussi à rainure, qui suit le mouvement de rotation de cette poulie; cette règle porte une vis munie d'un crayon ou d'un tire-ligne.

Les cordons des poulies, dont les extrémités sont fixées aux points a, b, c, d, font plusieurs fois le tour de ces poulies, ce qui permet de les rapprocher ou de les éloigner. — Ce petit appareil repose sur un trépied ttt.

Il faut, pour pouvoir se servir de l'instrument, déterminer préalablement la distance AO des deux centres des poulies et la longueur OX, moitié de la différence des demi-axes.

Soient donnés les deux axes BB' et RR'; rabattez le point R en R''; divisez la quantité BR'' en deux parties égales au point K. Vous aurez KR'' égale à AO et AK égal à OX.

Vous ajusterez l'instrument de façon que la poulie ppp soit au point O, distant du point A de la longueur KR''. Vous fixerez le crayon ou le tire-ligne au point X, distant du point O de la longueur AK, de telle sorte que la règle r' se trouve dans la direction du grand axe BB', lorsque la règle r coïncidera aussi avec AB'; l'une des règles couvrant l'autre.

L'instrument ainsi disposé, il devient facile de tracer l'ellipse. Si la longueur des axes était représentée par des nombres, par exemple $AB = 0,^{m}039$, $AR = 0,^{m}021$, on aurait les expressions suivantes:

$$AO = \frac{AB + AR}{2} = \frac{0,^{m}039 + 0,^{m}021}{2} = \frac{0,^{m}06}{2} = 0,^{m}03.$$

$$OX = \frac{AB - AR}{2} = \frac{0,^{m}030 - 0,^{m}021}{2} = \frac{0,^{m}018}{2} = 0,^{m}009.$$

Ces valeurs trouvées, portez à partir de A sur la règle r la longueur $0,^{m}03$, vous aurez le point O, centre de la seconde poulie; à partir de O portez sur la seconde règle r' $0,^{m}009$, vous aurez le point X où sera fixé le tire-ligne.

Pour décrire une parabole d'un mouvement continu vous placerez contre la direction MN (fig. 142) une équerre mobile EQR; vous attacherez au point R l'extrémité d'un fil, d'une longueur égale à QR, et l'autre extrémité, au foyer F; vous tendrez ce fil par le moyen d'une pointe à tracer appliquée contre QR, et vous ferez glisser l'équerre le long de la directrice. La pointe X décrira la parabole. — Ce tracé montre, pourquoi la droite BM a reçu le nom de directrice.

53

Exercices.

1. Étant données les cotes des six côtés et des trois diagonales d'un polygone ABCDEF (fig. 143), tracer le polygone à $\frac{1}{1000}$ de sa grandeur naturelle.

2. Étant donnés cinq angles et six côtés d'un polygone ABCDEFG (fig. 144), tracer le polygone à $\frac{1}{1250}$ de sa grandeur.

3. Étant données les abscisses et les ordonnées[1] d'un polygone ABCDEFGHIKL (fig. 145), tracer le polygone à $\frac{1}{2500}$ de sa grandeur naturelle.

4. Mener à un cercle, dont le centre est C, une tangente parallèle à une droite donnée AB.

5. Mener à un cercle, dont le centre est C, une tangente perpendiculaire à une droite donnée AB.

6. Mener à un cercle, dont le centre est C, une tangente, faisant avec une droite donnée AB un angle égal à 65°.

7. Mener un cercle qui touche une ligne donnée AB en un point D, et dont le rayon soit égal à 0,^{m}025.

8. Mener un cercle dont le rayon soit égal à 0,^{m}03, qui soit tangent à une droite donnée MN et qui passe par un point donné D.

9. Mener un cercle tangent à deux droites AB et DE, dont le rayon soit égal à 0,^{m}035.

10. Étant données deux droites parallèles OM et QP, ainsi qu'un point R situé entre les droites, mener une circonférence qui passe par le point R et qui soit tangente aux deux droites données.

11. Tracer une circonférence dont le rayon soit égal à 0,^{m}037 et qui touche en un point donné A une seconde circonférence qui a pour rayon 0,^{m}025.

12. Tracer une circonférence dont le rayon soit égal à 0,^{m}028 et qui passe par deux points donnés A et B.

13. La longueur du grand axe de l'ellipse étant égale à 0,^{m}09, les foyers étant éloignés des extrémités du grand axe de 0,^{m}02, construire la courbe.

14. La grandeur du petit axe de l'ellipse étant égale à 0,^{m}06, les foyers étant éloignés de 0,^{m}03 du point d'intersection C de deux axes, construire la courbe.

15. Étant donnés deux axes AB et CD d'une ellipse, décrire cette courbe sans se servir des foyers (fig. 146 et 147).

---

1. Les distances entre les pieds des perpendiculaires se nomment *abscisses*, et les perpendiculaires se nomment *ordonnées*. La ligne A G se nomme *axe des abscisses*.

FIN.

 # Dessin géométrique.

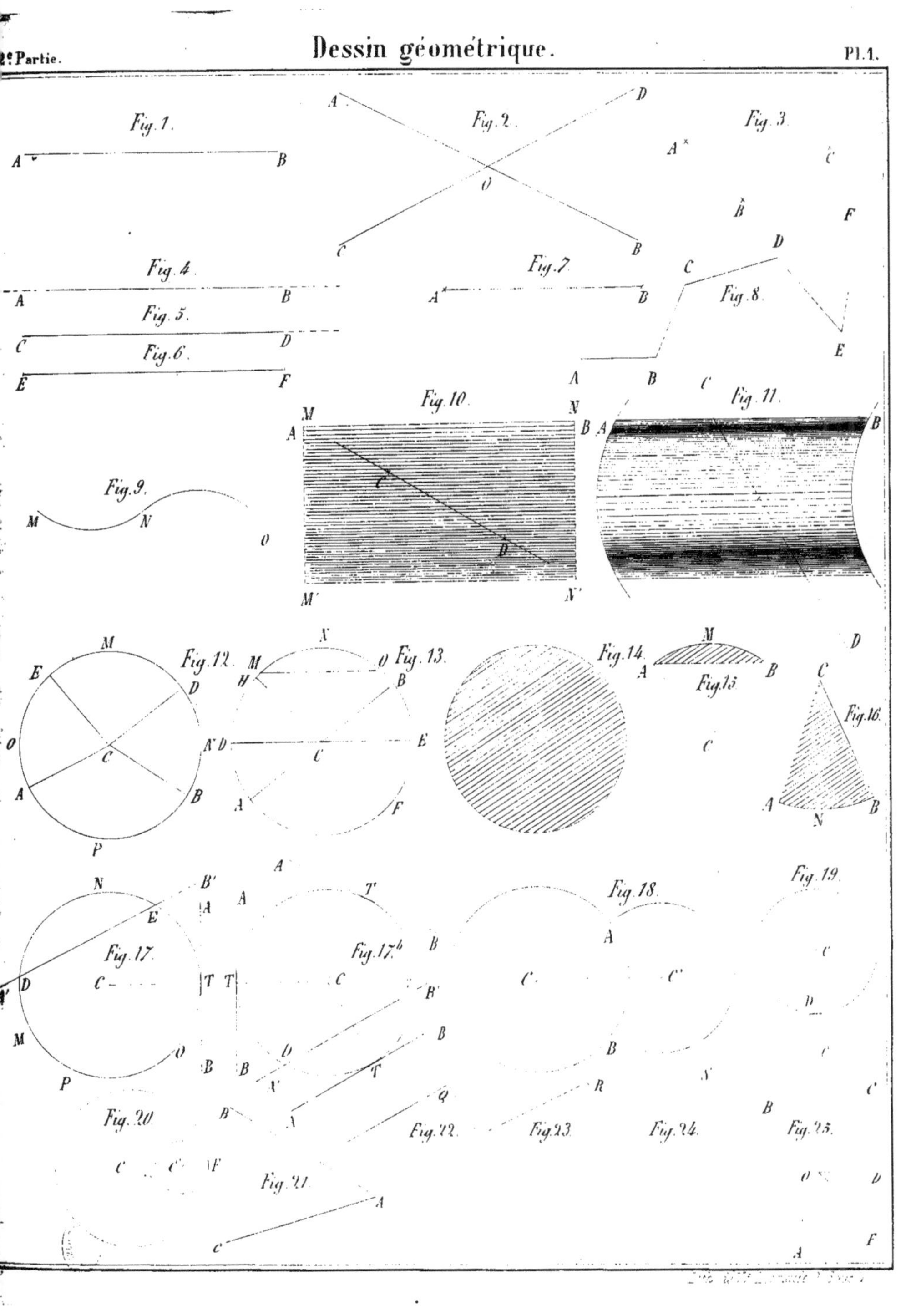

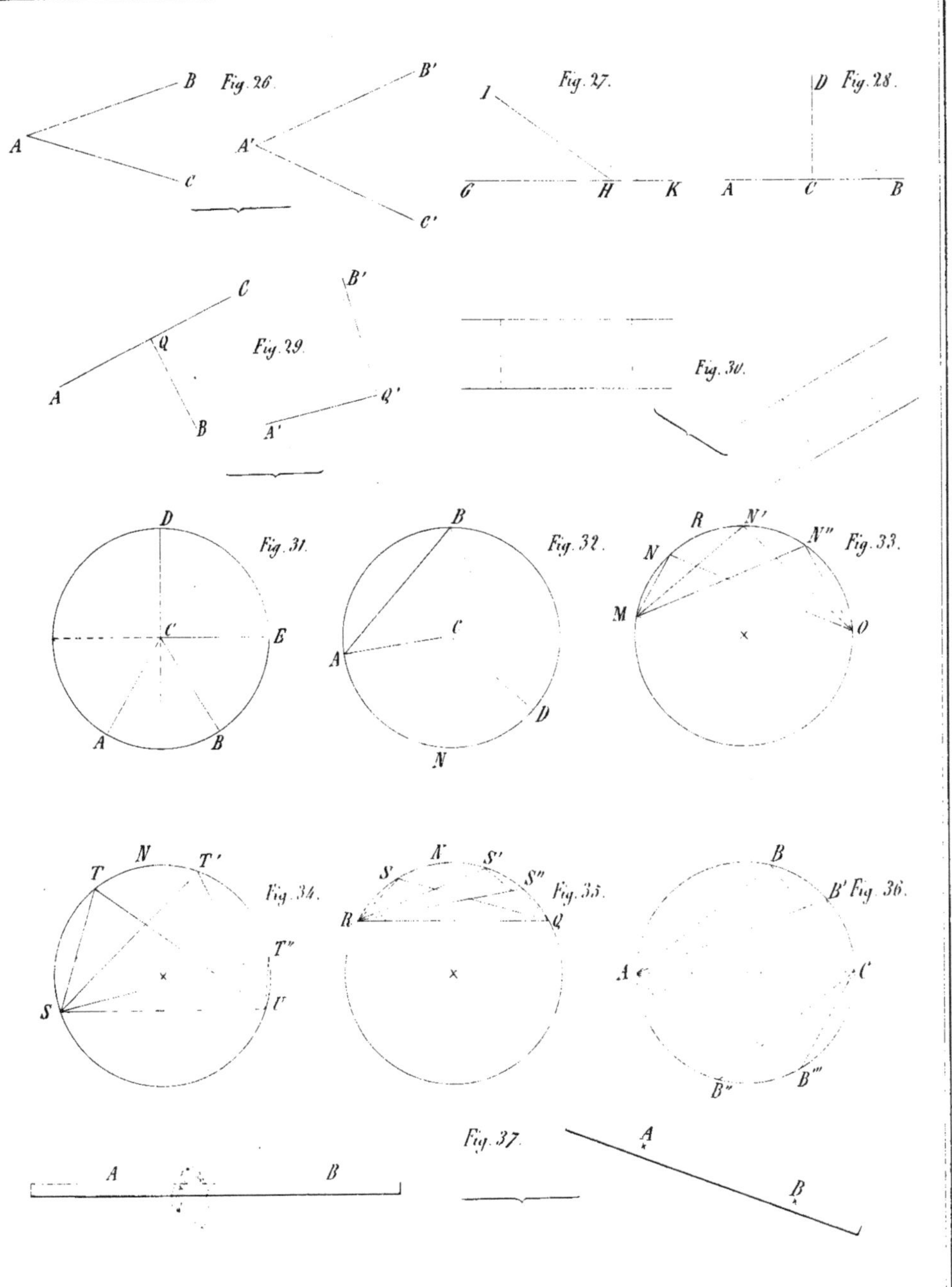
B Fig. 26.
A
C
B'
A'
C'
I Fig. 27.
G H K
D Fig. 28.
A C B
C
B'
Q Fig. 29.
A
B A'
Q'
Fig. 30.
D Fig. 31.
C
E
A B
B Fig. 32.
C
A
D
N
R N'
N N'' Fig. 33.
M
O
N T'
T Fig. 34.
T''
S U
N S'
S S'' Fig. 35.
R Q
B
B' Fig. 36.
A C
B'' B'''
Fig. 37. A
A B
B

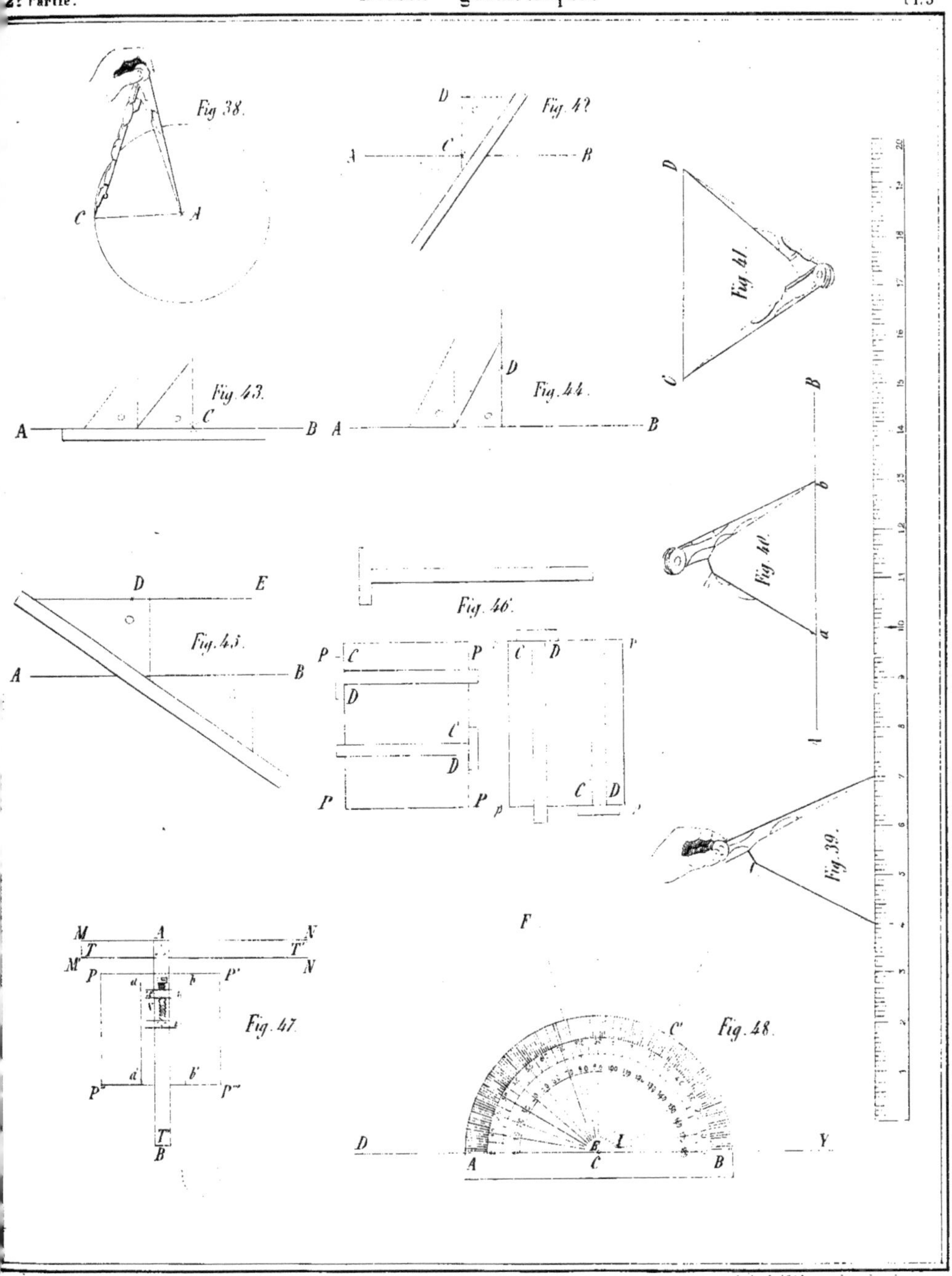
Fig. 38.
C
A
Fig. 42.
D
A
C
B
Fig. 41.
D
C
Fig. 43.
A
C
B
Fig. 44.
D
A
B
Fig. 40.
B
b
a
A
Fig. 45.
D
E
A
B
Fig. 46.
P
C
P
D
C
D
P
P
p
C
D
C
D
Fig. 39.
Fig. 47.
M
A
N
T
T
M
N
P
a
b
P
a
b
P
P
T
B
F
Fig. 48.
C
C
D
A
C
B
Y

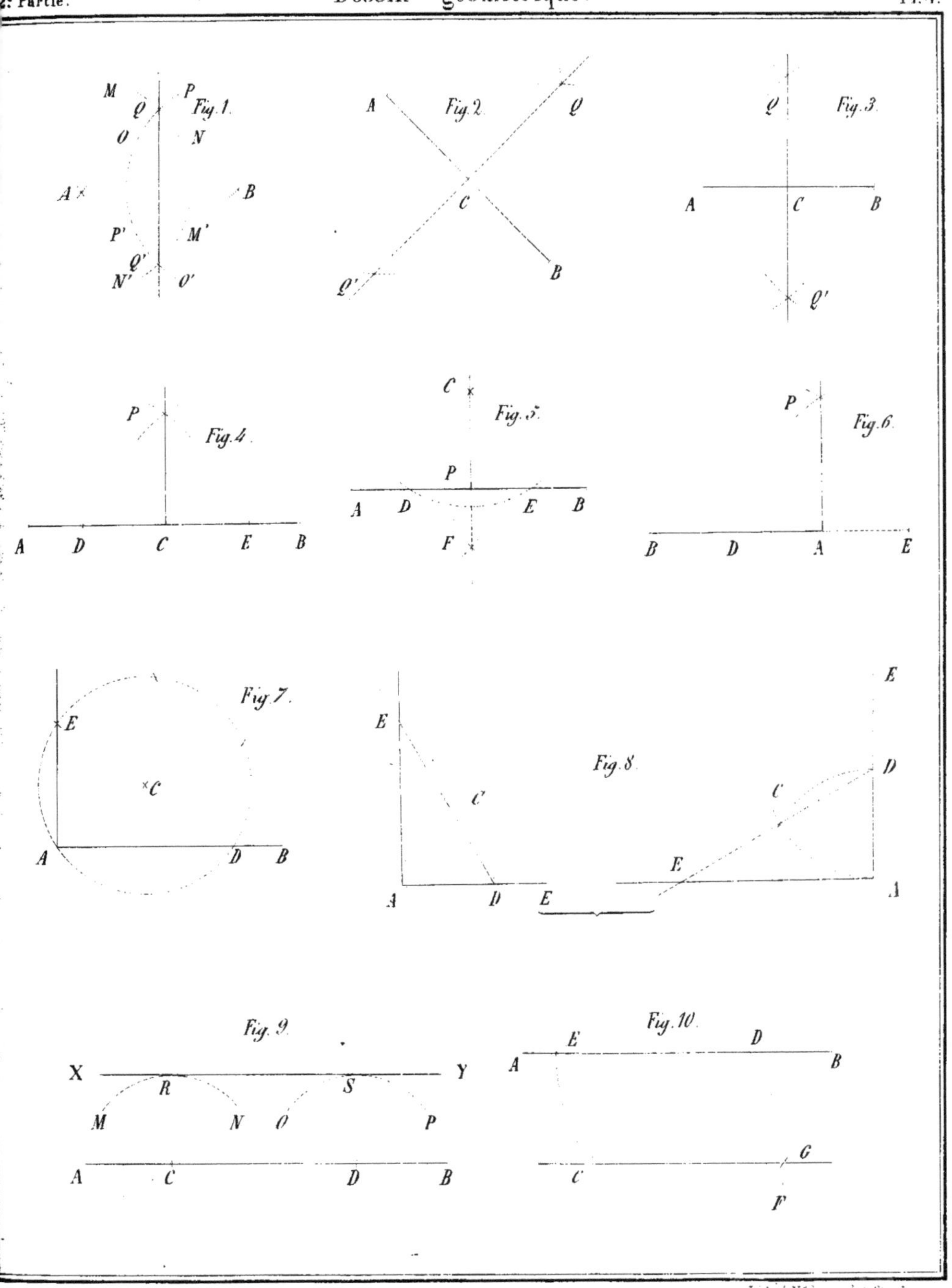

Fig. 1.
M
P
Q
O
N
A
B
P'
M'
Q'
N'
O'
Fig. 2.
A
Q
C
B
Q'
Fig. 3.
Q
A
C
B
Q'
Fig. 4.
P
A
D
C
E
B
Fig. 5.
C
P
A
D
E
B
F
Fig. 6.
P
B
D
A
E
Fig. 7.
E
C
A
D
B
Fig. 8.
E
C
A
D
E
E
D
C
E
A
Fig. 9.
X
Y
R
S
M
N
O
P
A
C
D
B
Fig. 10.
E
D
A
B
G
C
F

Lith. de Ve Levrault à Strasbourg.

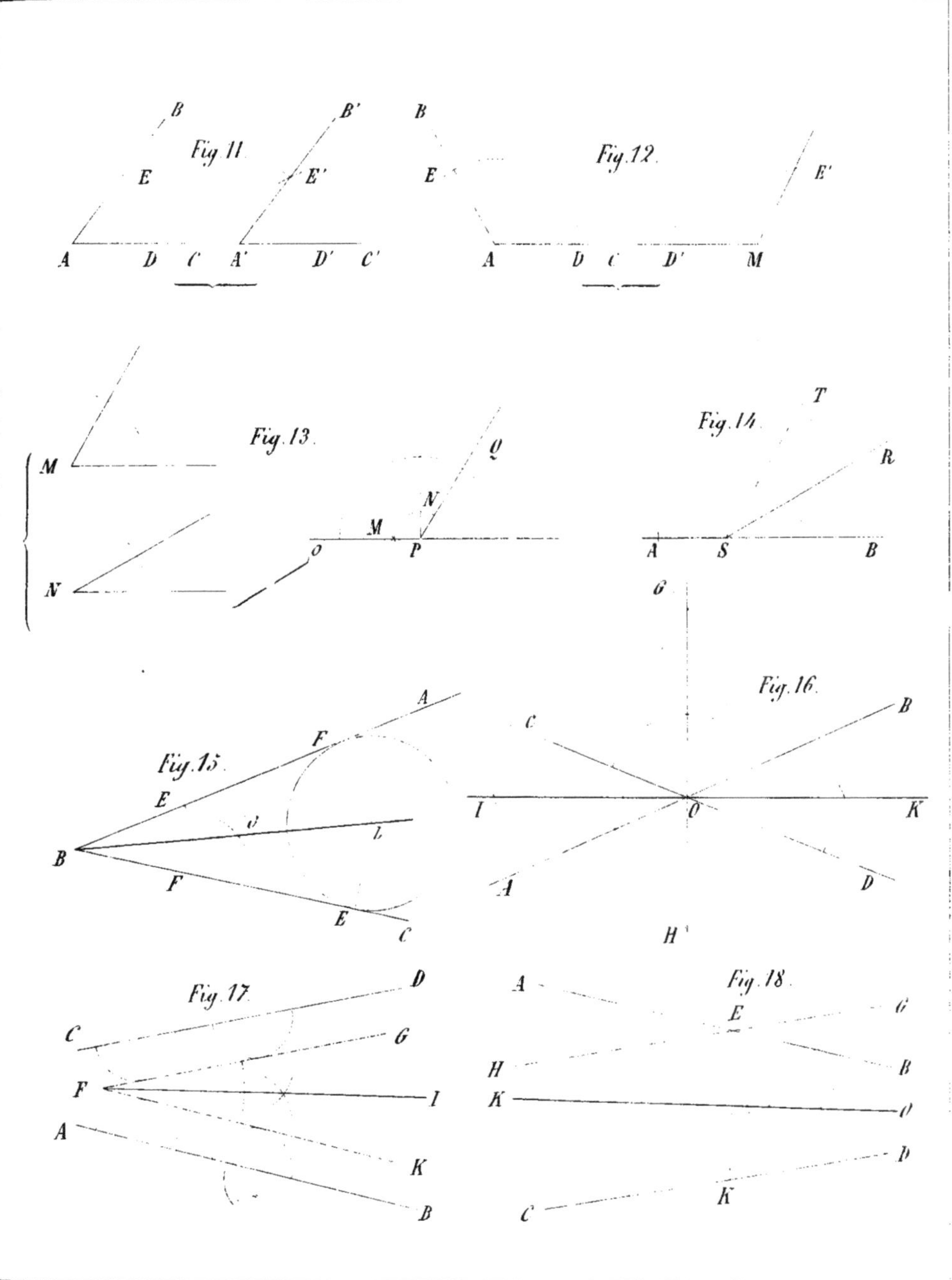
Fig. 11
B
E
A D C A' D' C'
B' B
E'

Fig. 12
B
E
A D C D' M
E'

Fig. 13
M
N
Q
N
O M P

Fig. 14
T
R
A S B
G

Fig. 15
A
F
E
U L
B
F
E
C

Fig. 16
C
B
I O K
A D
H

Fig. 17
D
C
G
F I
A
K
B

Fig. 18
A
E G
H B
K O
C K D

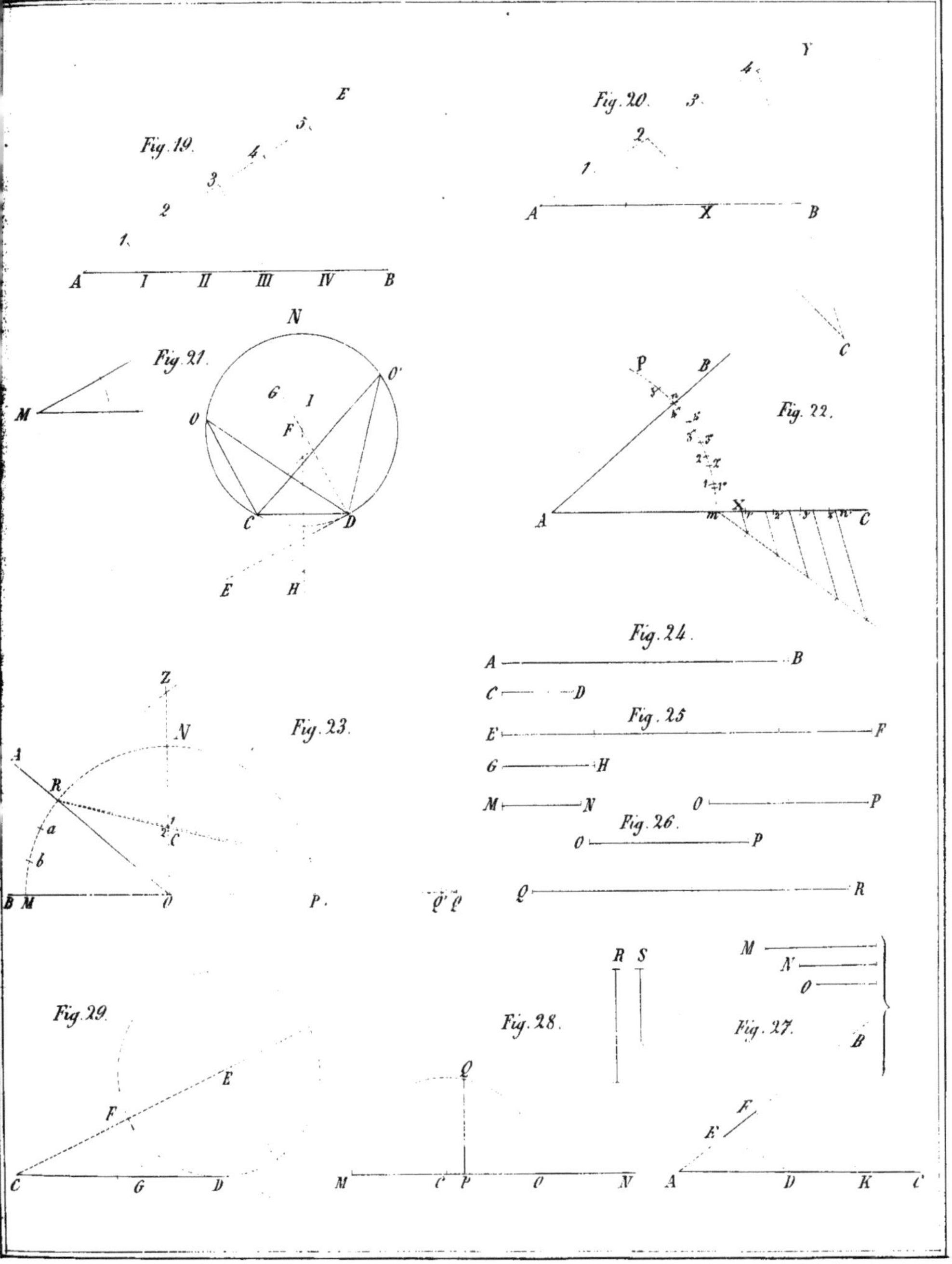

Fig. 19.

Fig. 20.

Fig. 21.

Fig. 22.

Fig. 23.

Fig. 24.

Fig. 25.

Fig. 26.

Fig. 27.

Fig. 28.

Fig. 29.

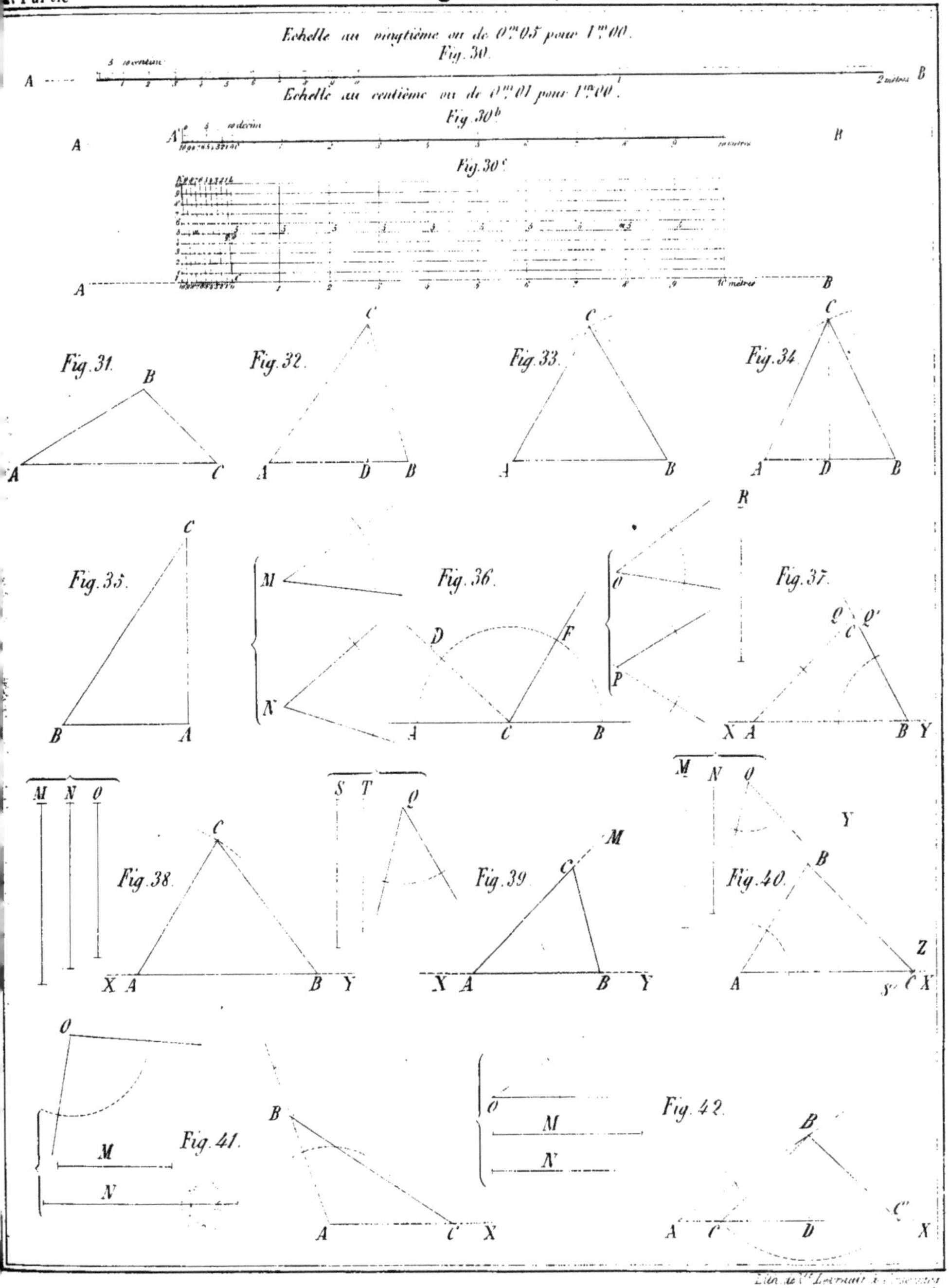

Echelle au vingtième ou de 0.ᵐ05 pour 1.ᵐ00.

Fig. 30.

Echelle au centième ou de 0.ᵐ01 pour 1.ᵐ00.

Fig. 30.ᵇ

Fig. 30.ᶜ

Fig. 31.   Fig. 32.   Fig. 33.   Fig. 34.

Fig. 35.   Fig. 36.   Fig. 37.

Fig. 38.   Fig. 39.   Fig. 40.

Fig. 41.   Fig. 42.

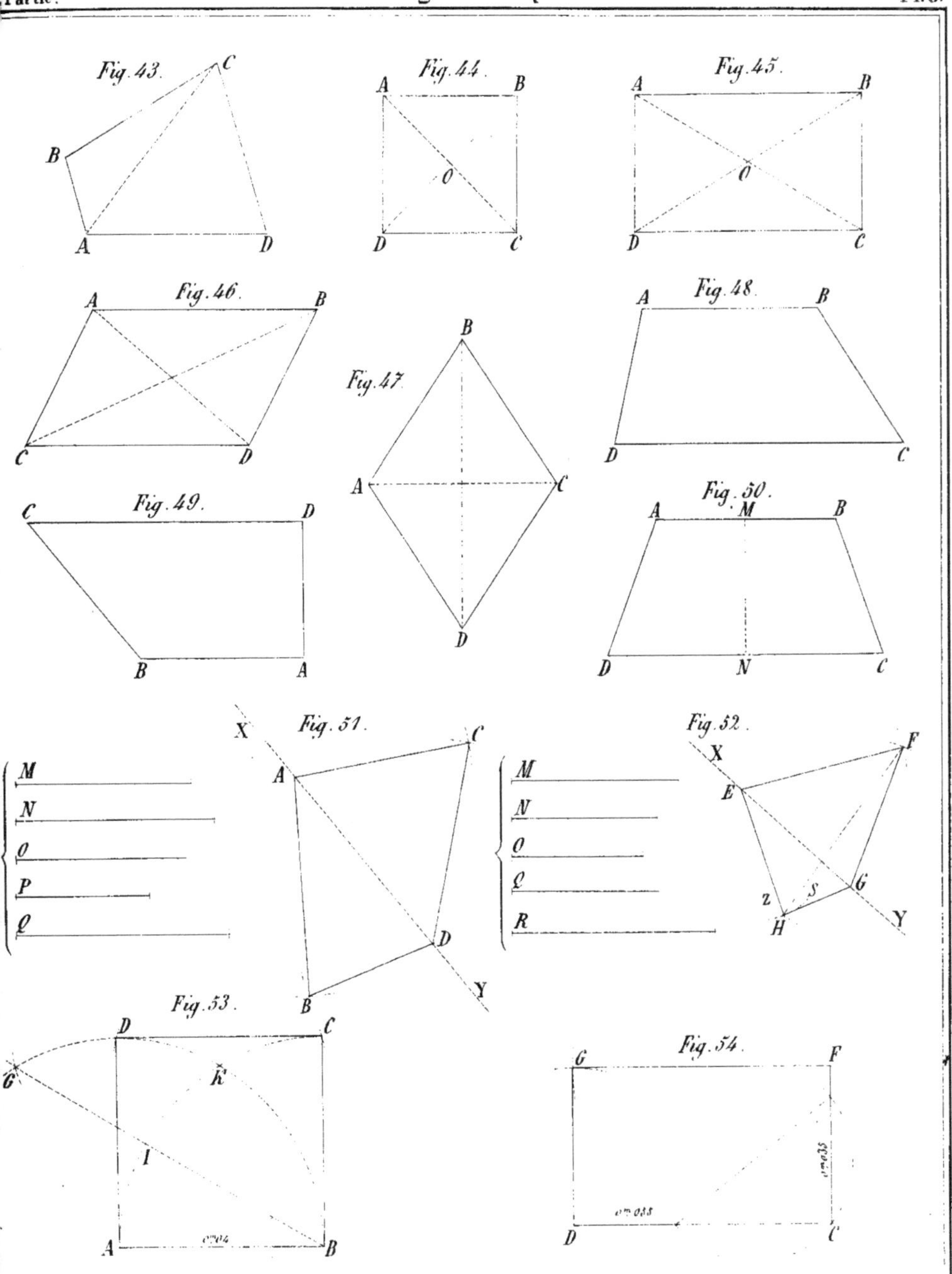

Fig. 43.
Fig. 44.
Fig. 45.
Fig. 46.
Fig. 47.
Fig. 48.
Fig. 49.
Fig. 50.
Fig. 51.
Fig. 52.
Fig. 53.
Fig. 54.

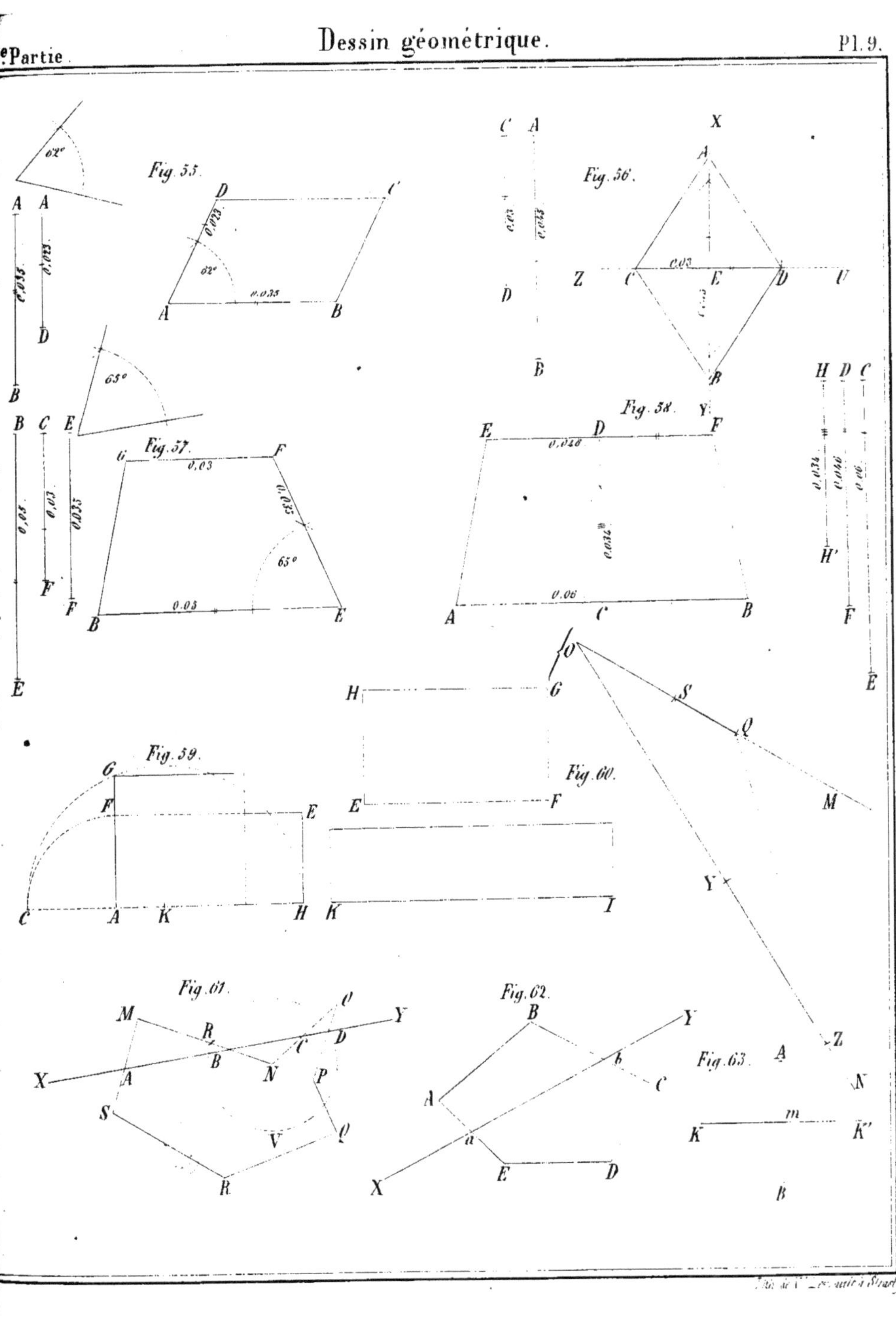

Fig. 55.
Fig. 56.
Fig. 57.
Fig. 58.
Fig. 59.
Fig. 60.
Fig. 61.
Fig. 62.
Fig. 63.
62°
65°
65°
0,035
0,03
0,03
0,048
0,06

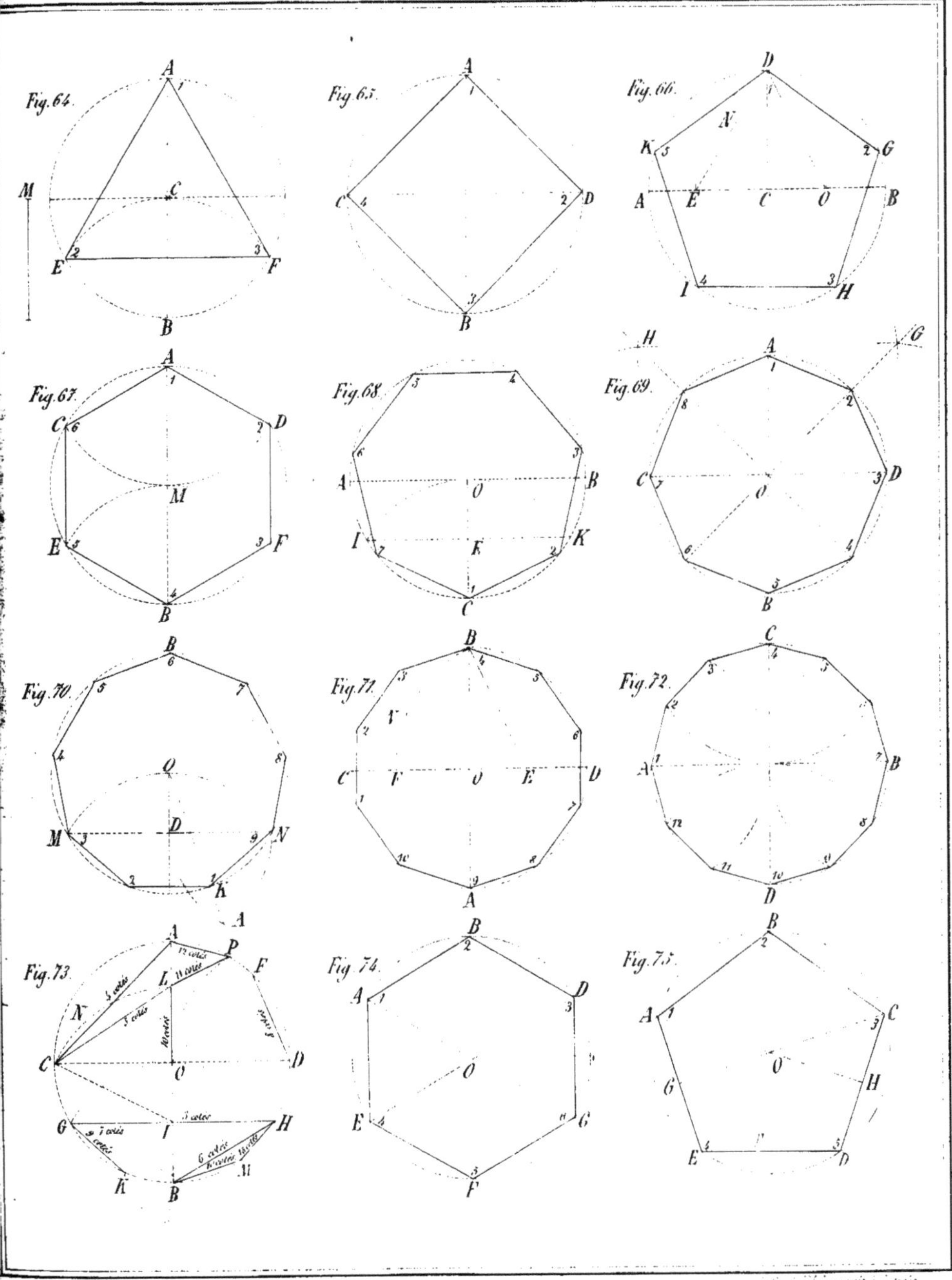

Fig. 64.
Fig. 65.
Fig. 66.
Fig. 67.
Fig. 68.
Fig. 69.
Fig. 70.
Fig. 71.
Fig. 72.
Fig. 73.
Fig. 74.
Fig. 75.

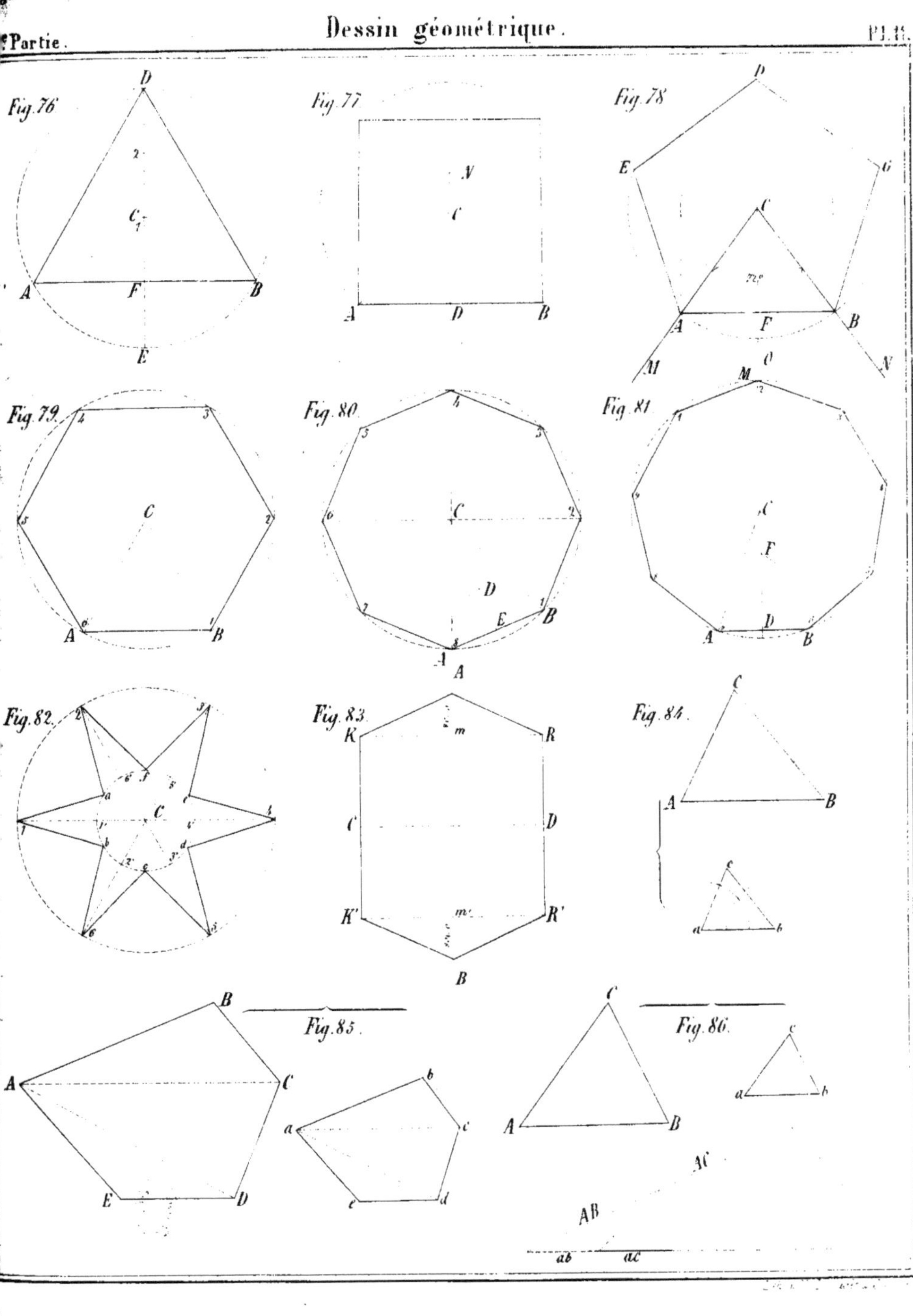

Fig. 76
Fig. 77
Fig. 78
Fig. 79
Fig. 80
Fig. 81
Fig. 82
Fig. 83
Fig. 84
Fig. 85
Fig. 86

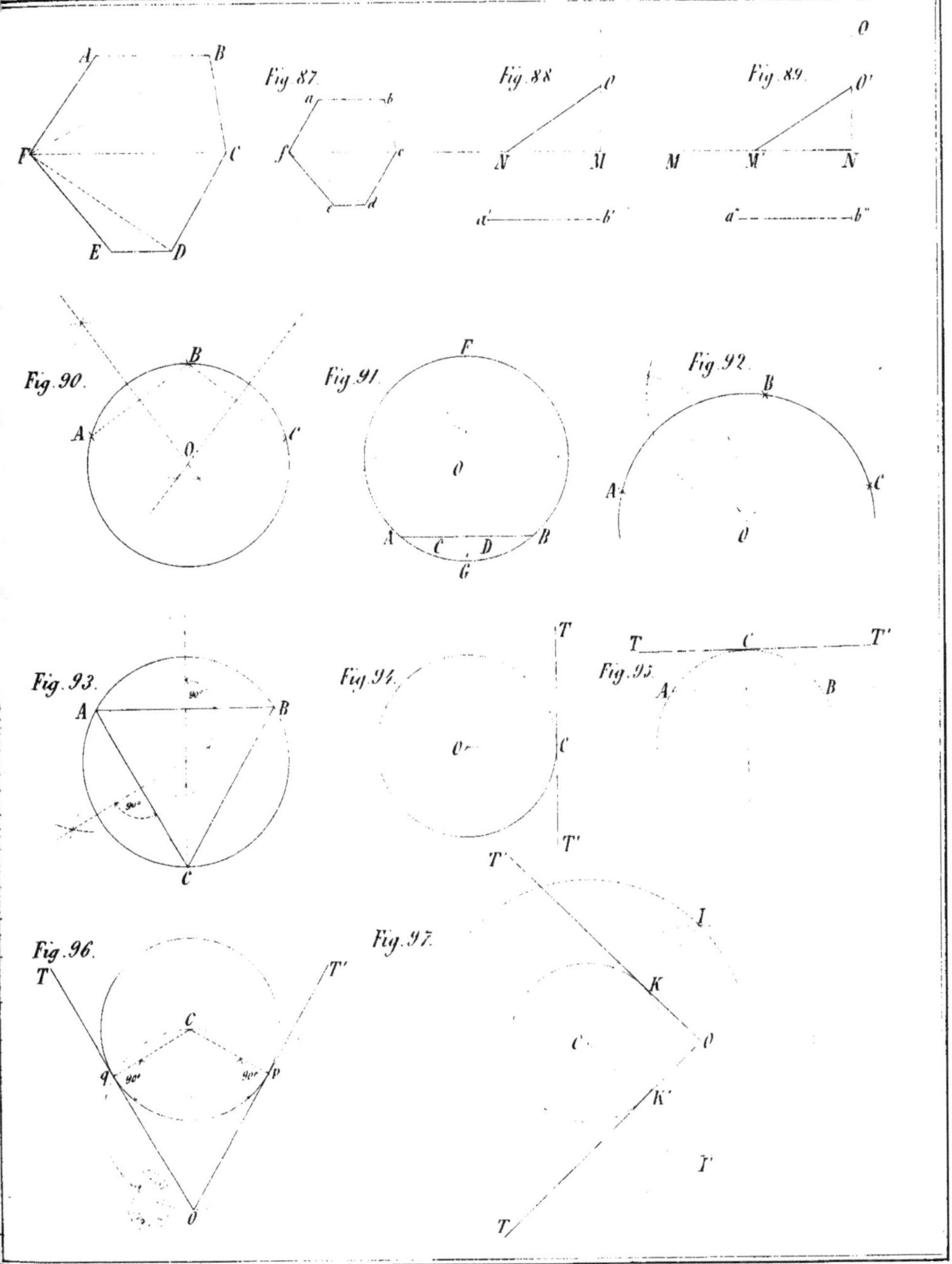

A
B
F
C
E
D
Fig. 87.
a
b
f
c
e
d
Fig. 88.
O
N
M
a'
b'
Fig. 89.
O'
M
M'
N
a"
b"
Fig. 90.
B
A
O
C
Fig. 91.
F
O
A
C
D
B
G
Fig. 92.
B
A
C
O
Fig. 93.
A
90°
B
90°
C
Fig. 94.
O
T
C
T'
Fig. 95.
T
C
T'
A
B
T'
I
K
O
C
K'
T'
Fig. 96.
T
C
q
90°
90°
p
T'
O
Fig. 97.

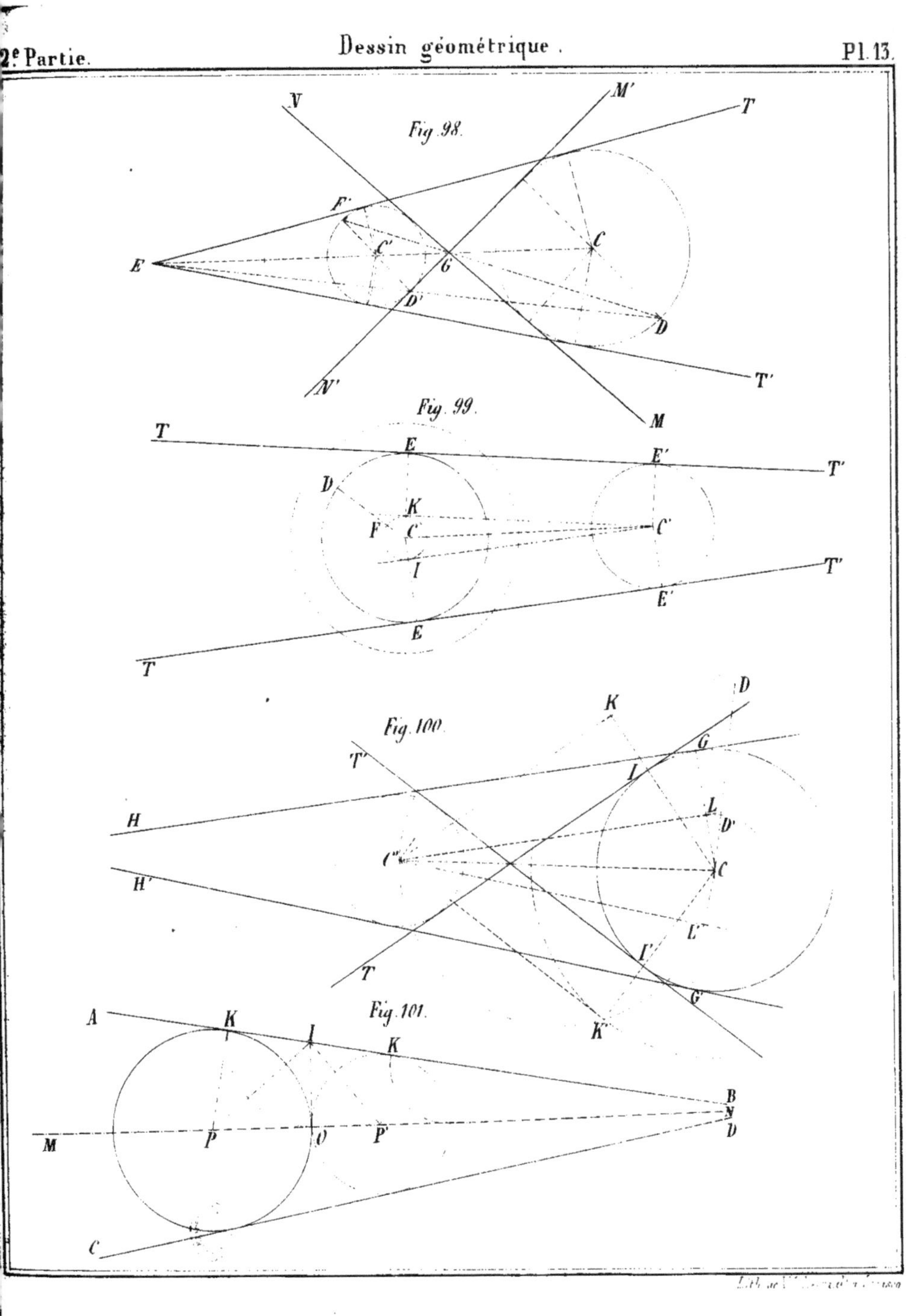

Fig. 98.
Fig. 99.
Fig. 100.
Fig. 101.

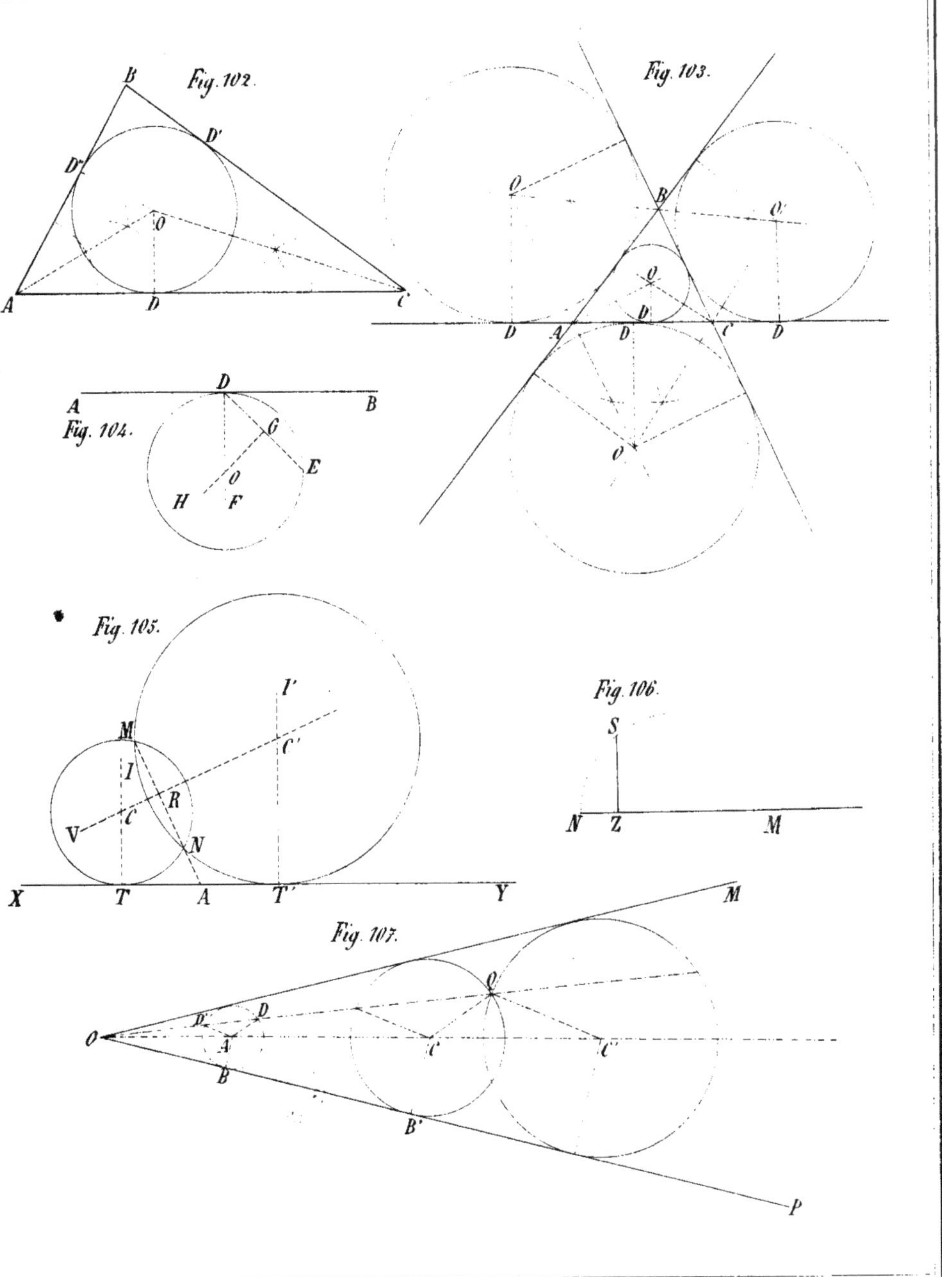
Fig. 102.
B
D'
D''
O
A
D
C
Fig. 103.
O
B
O'
O
D'
D
A
D
C
D
O
Fig. 104.
A
D
B
G
O
E
H
F
Fig. 105.
I'
M
C'
I
R
V
C
N
X
T
A
T'
Y
Fig. 106.
S
N
Z
M
Fig. 107.
M
O
Q
D'
D
A
C
C'
B
B'
P

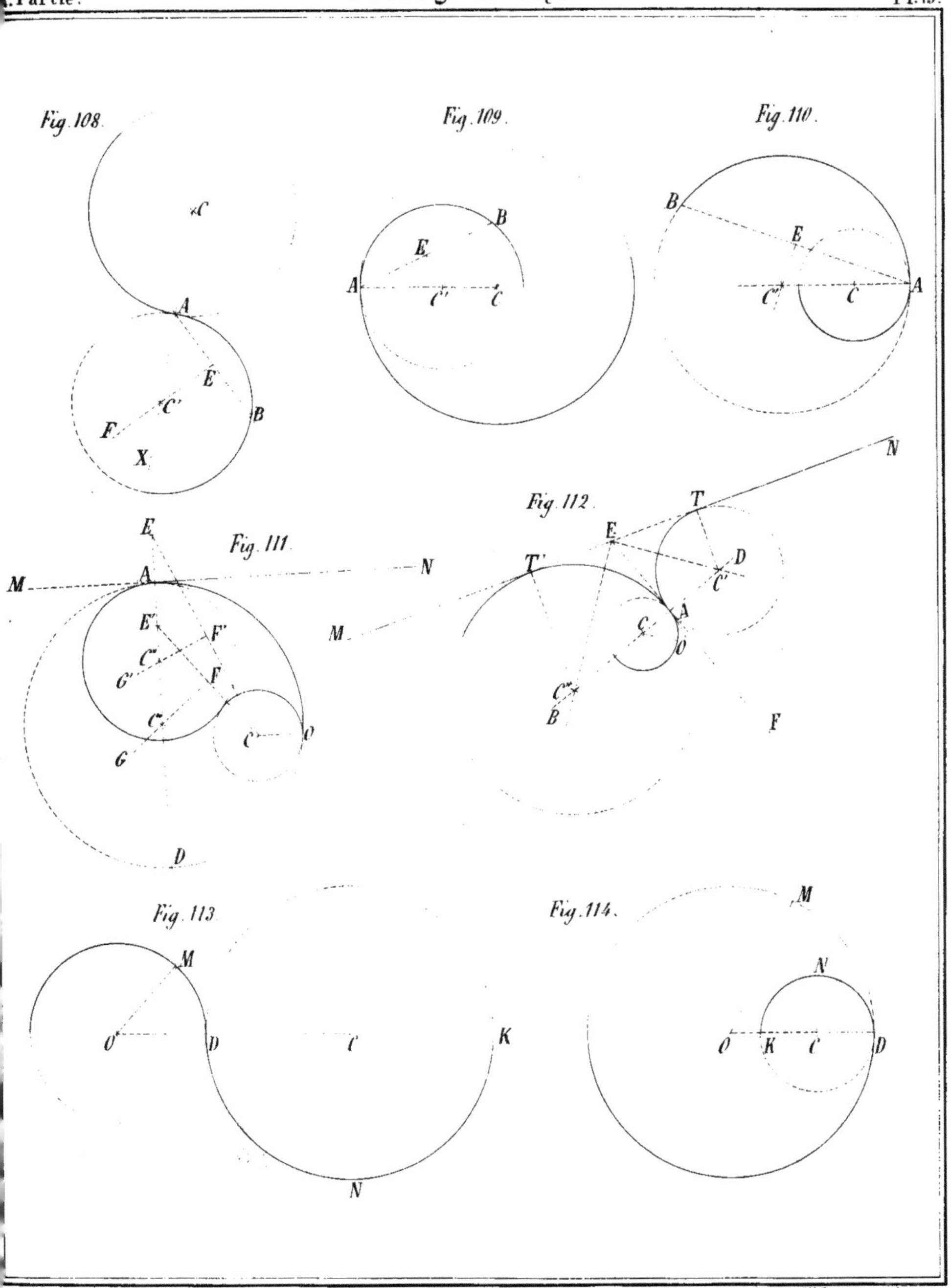

Fig. 108.
Fig. 109.
Fig. 110.
Fig. 111.
Fig. 112.
Fig. 113.
Fig. 114.

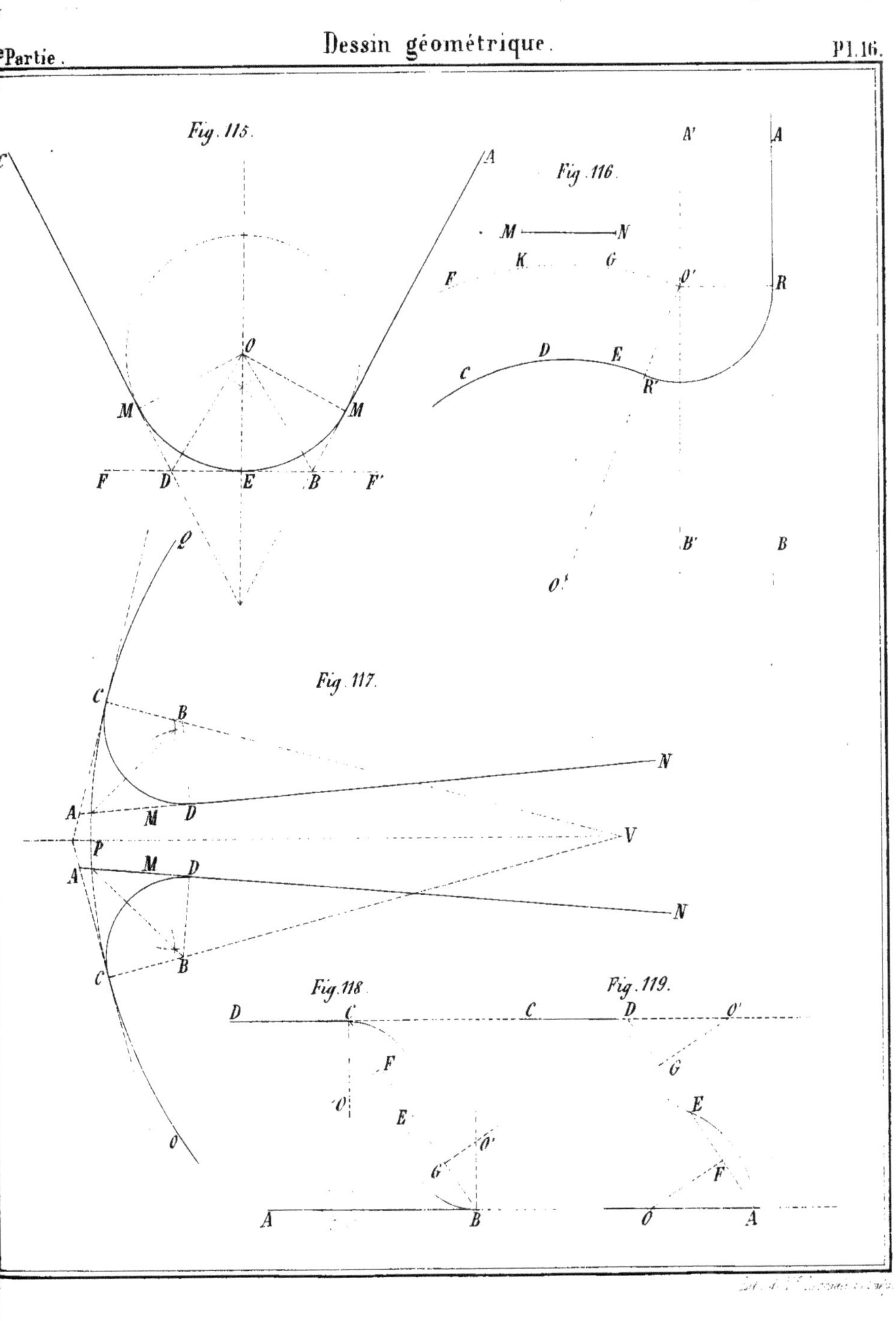

Fig. 115.
Fig. 116.
Fig. 117.
Fig. 118.
Fig. 119.

Fig. 120.

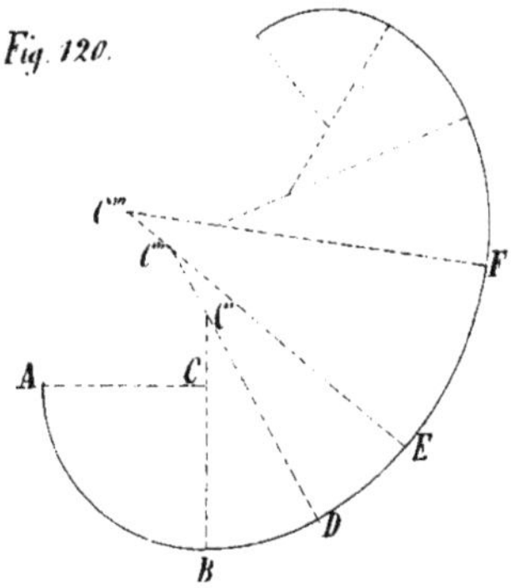

Fig. 121.

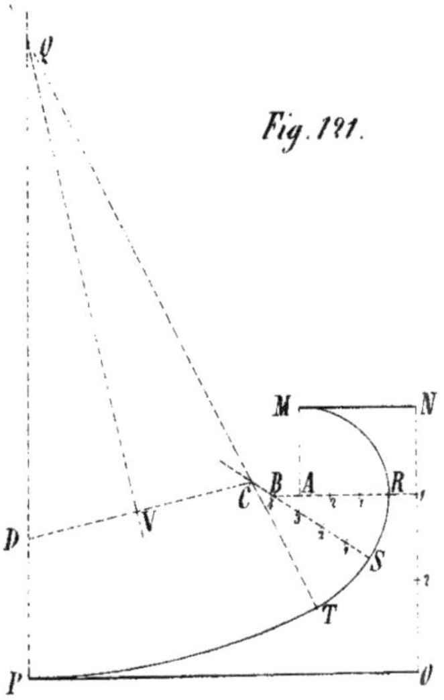

Fig. 122.

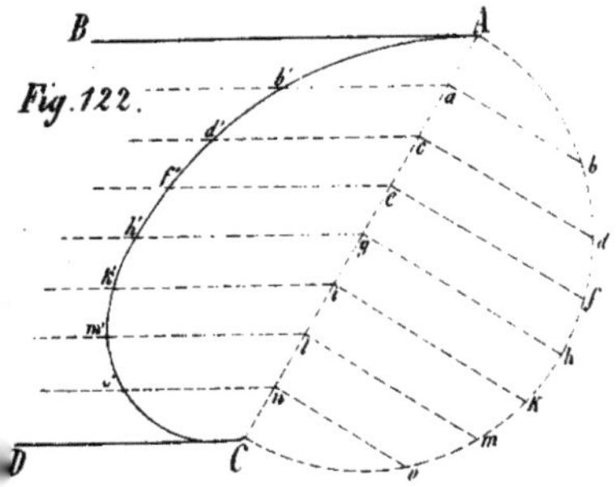

Fig. 123.

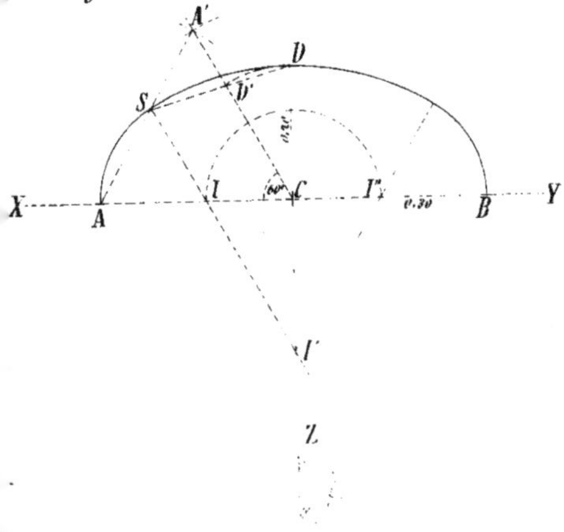

Fig. 124.

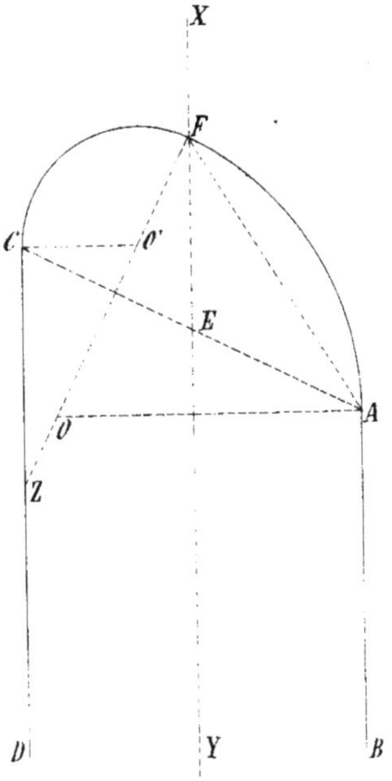

Fig. 125.
R
P
N
F D A C B E G
O
Q

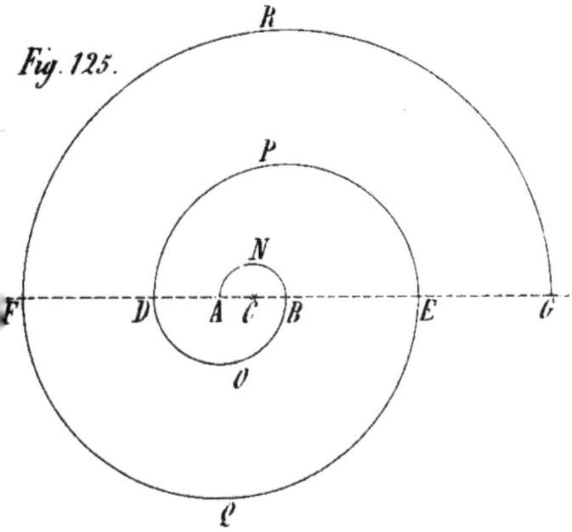

Fig. 126.
T
R
P
N
I G D A C B E F H
O
Q
S

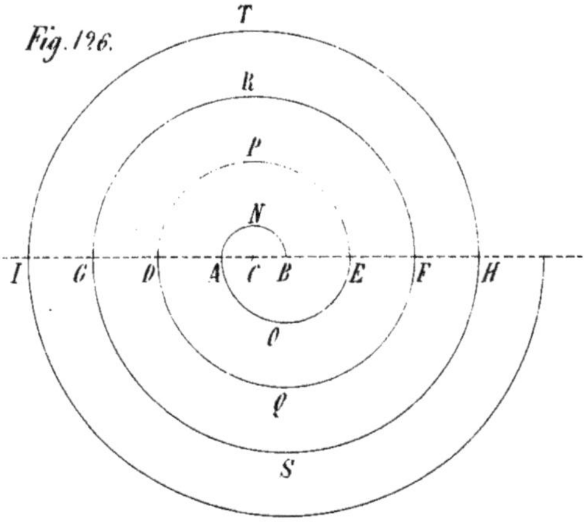

Fig. 127.
Q
O
N
G E A C B D F H
M
P
R

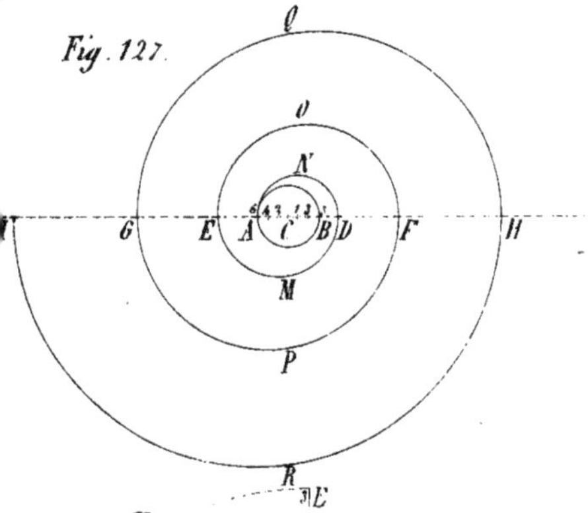

Fig. 128.
O
G M H
A 1 2 B
E N F
O'

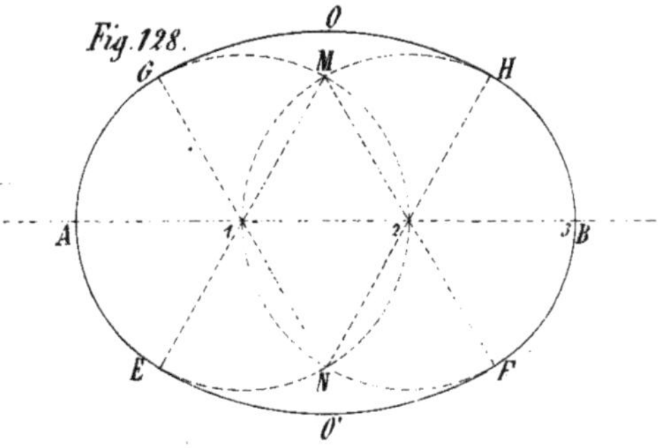

Fig. 129.
E
X
O
R
C
K F I
G H B
M A
L N
D
O

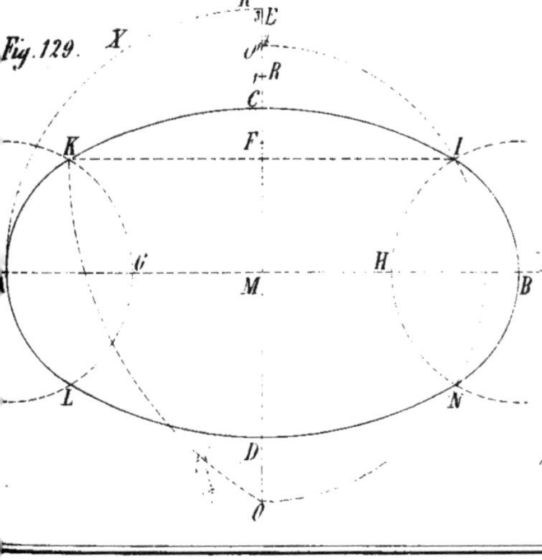

Fig. 130.
O'
C
H F K
E G M G' B
A
N L
D
O

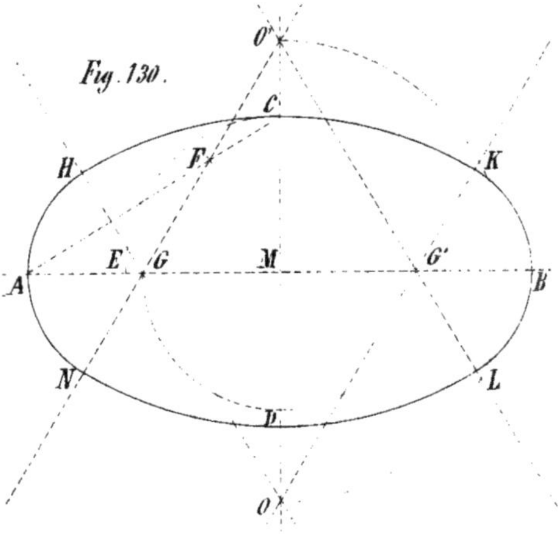

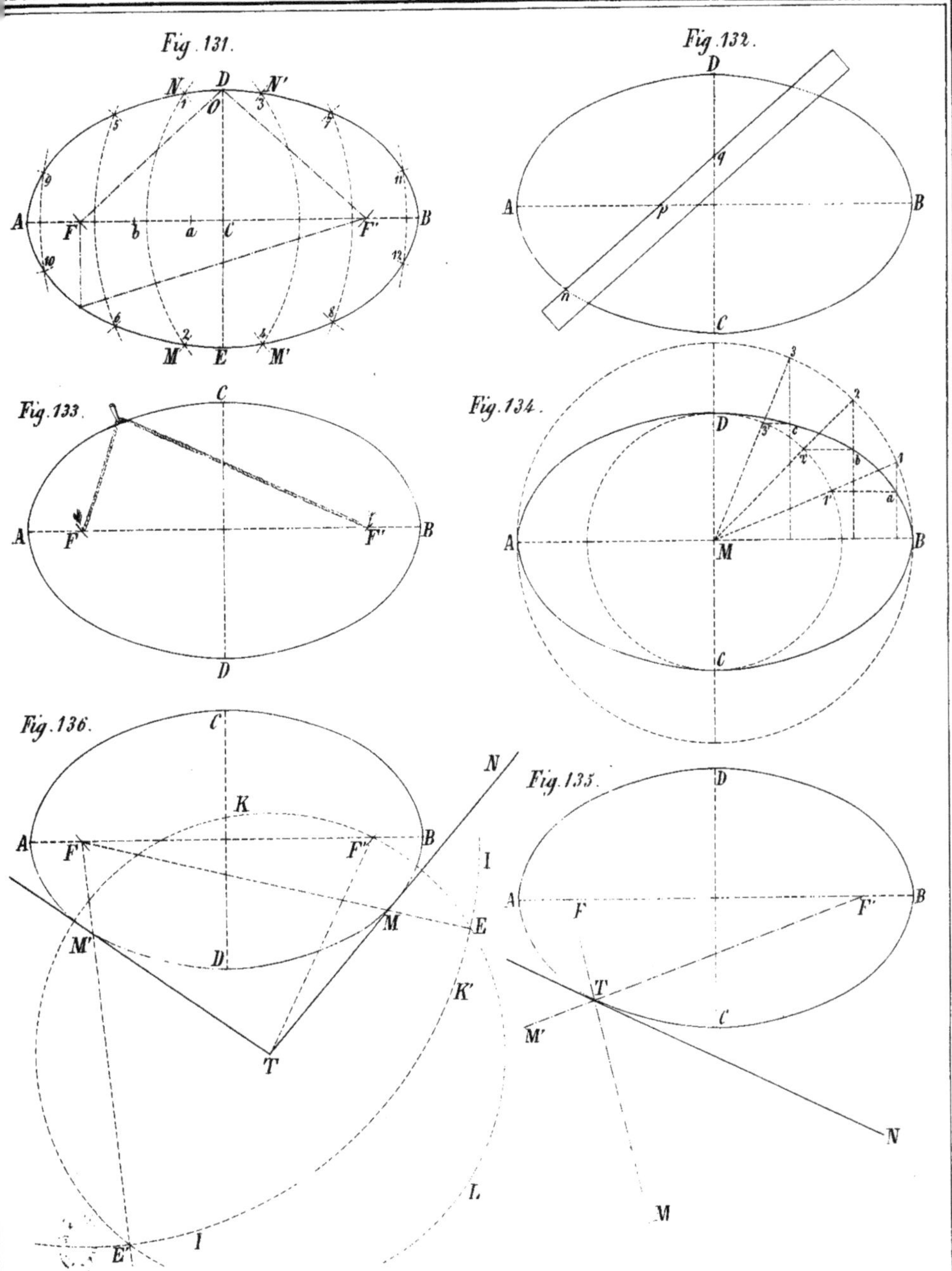
Fig.131.
Fig.132.
Fig.133.
Fig.134.
Fig.135.
Fig.136.

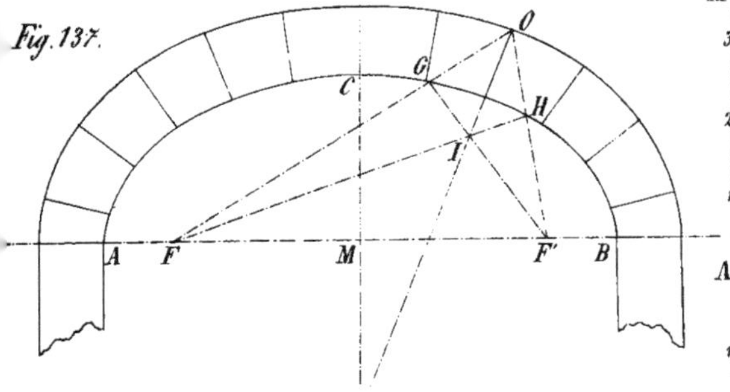

Fig. 137.

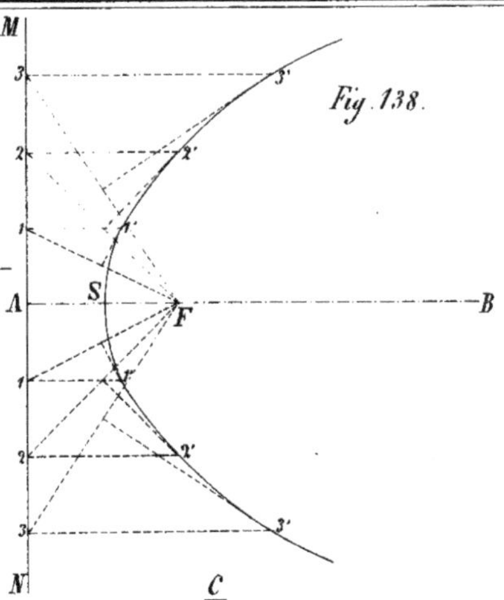

Fig. 138.

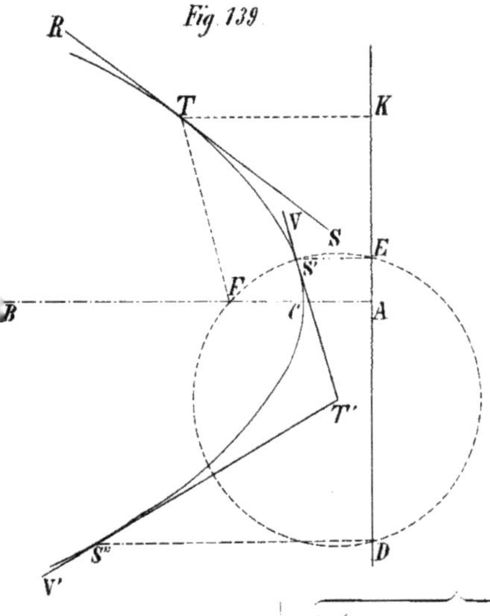

Fig. 139.

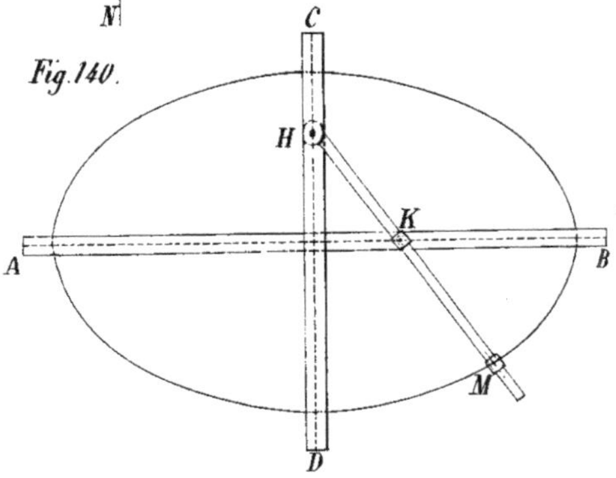

Fig. 140.

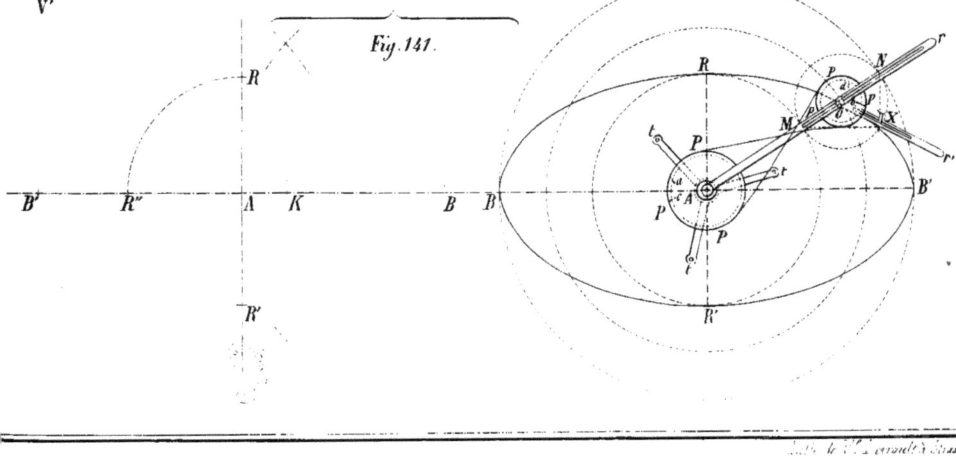

Fig. 141.

Fig. 142.

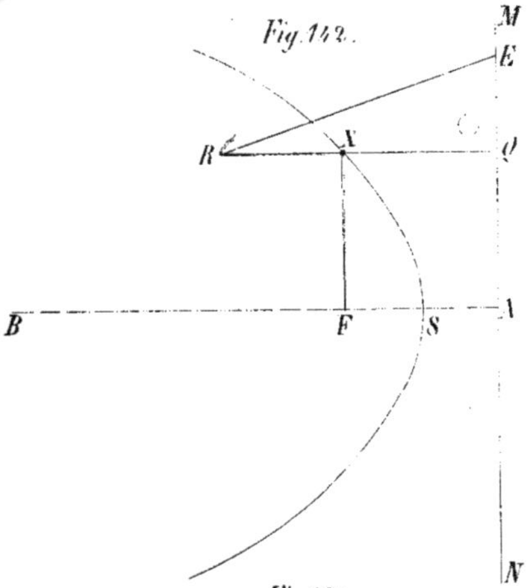

Fig. 143.

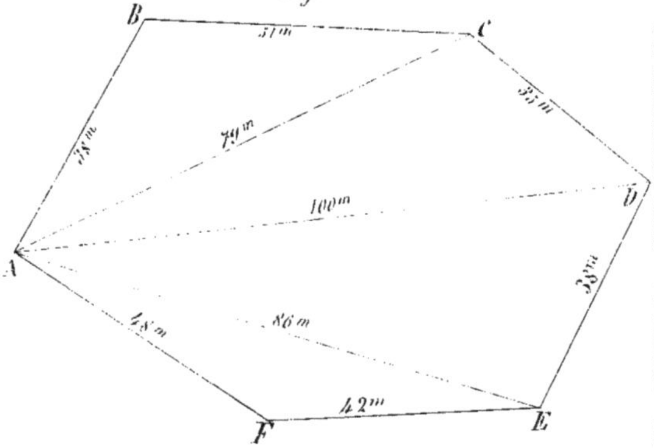

Fig. 144.

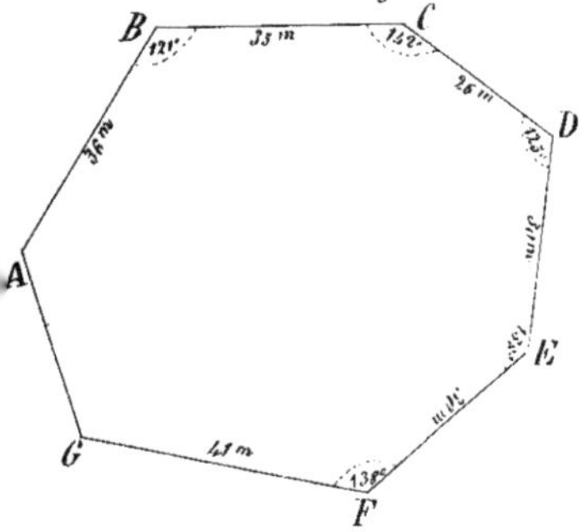

Fig. 145.

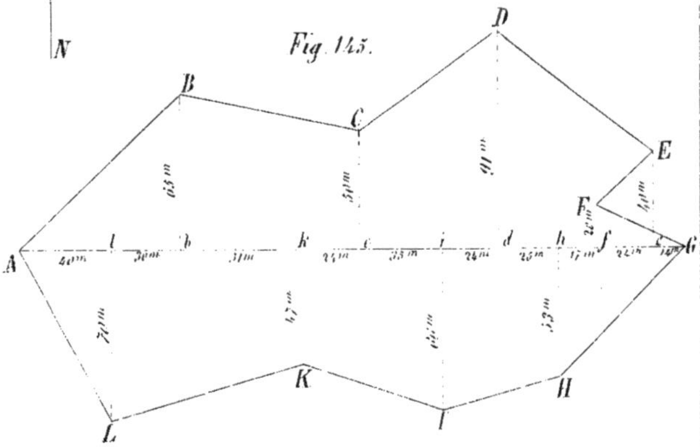

Fig. 146.

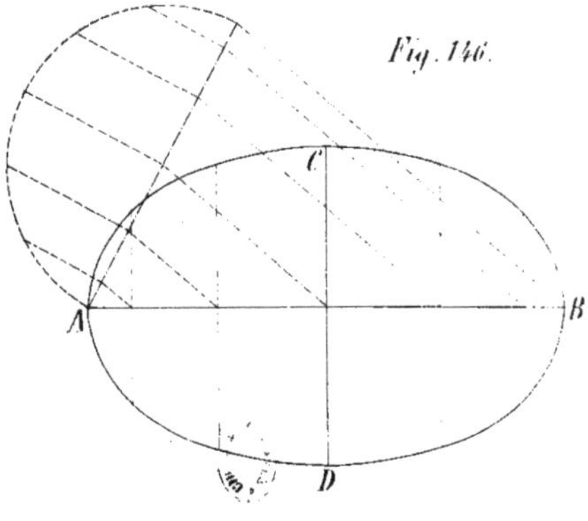

Fig. 147.

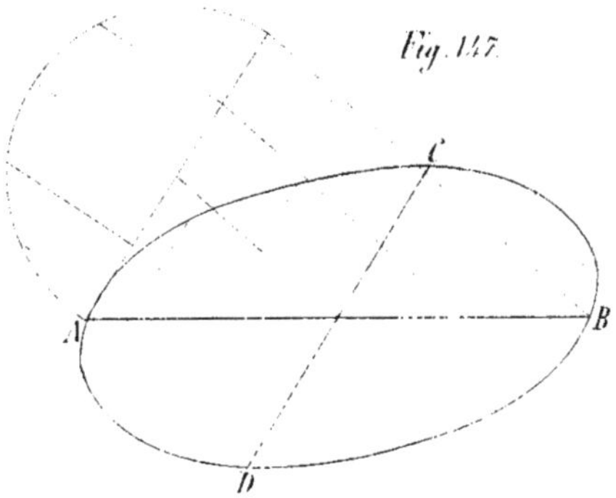

Lith. de Vᵉ Levrault à Strasbg.

www.ingramcontent.com/pod-product-compliance
Ingram Content Group UK Ltd.
Pitfield, Milton Keynes, MK11 3LW, UK
UKHW031838170726
13836UKWH00004B/1744